AF401241

DE LA

STATISTIQUE

APPLIQUÉE

A LA PATHOLOGIE ET A LA THÉRAPEUTIQUE.

Ouvrages de M. Casimir Broussais

Qui se trouvent chez J.-B. Baillière.

ATLAS HISTORIQUE ET BIBLIOGRAPHIQUE DE LA MÉDECINE, ou **HISTOIRE DE LA MÉDECINE**, composé de tableaux sur l'histoire de l'anatomie, de la physiologie, de l'hygiène, de la médecine, de la chirurgie, de l'obstétrique, de la matière médicale, de la pharmacie, de la médecine légale, de la police médicale et de la bibliographie, avec une introduction, etc., Paris, 1834, in-fol.   8 fr.

HYGIÈNE MORALE, ou application de la physiologie à la morale et à l'éducation. Paris, 1837, in-8.   5 fr.

DE LA GYMNASTIQUE, considérée comme moyen thérapeutique et hygiénique. Paris, 1828, in-8.   1 fr.

DES DIFFÉRENTS MOYENS DE CONSERVATION DES SUBSTANCES ALIMENTAIRES, comparaison de ces divers moyens sous le rapport hygiénique. Paris, 1838, in-4.   2 fr. 50 c.

PLAN D'UN COURS D'HYGIÈNE, Paris, in-8. br. 1837.   1 fr. 25 c.

AN CERTIS SIGNIS *distingui possunt, in cadaveribus, organorum alterationes quæ cum morbo incepere, quæ per morbi decursum, quæ in agoniâ, quæ post mortem accessere.* Concours pour l'agrégation, in-4. Paris, 1829.   1 fr. 25 c.

EXISTE-T-IL DES MALADIES GÉNÉRALES, PRIMITIVES OU CONSÉCUTIVES ? Concours pour une chaire de clinique. In-4. Paris, 1833.   1 fr. 25 c.

DISCOURS *sur l'application des études physiologiques à l'histoire, lu à l'ouverture du quatrième congès historique.* In-8. Paris, 1838.   1 fr. 25 c.

DE LA
STATISTIQUE

APPLIQUÉE

A LA PATHOLOGIE ET A LA THÉRAPEUTIQUE,

PAR

Casimir BROUSSAIS, D.-M.-P.,

Médecin ordinaire et professeur à l'hôpital militaire de perfectionnement,
Agrégé près la faculté de Médecine de Paris.

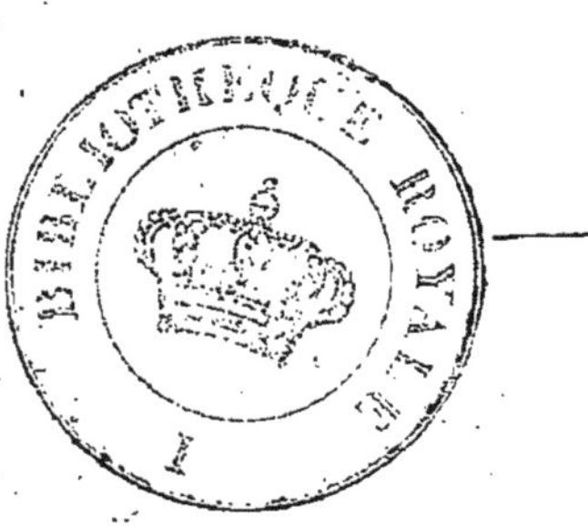

PARIS,

CHEZ J.-B. BAILLIÈRE,

LIBRAIRE DE L'ACADÉMIE ROYALE DE MÉDECINE,
Rue de l'Ecole-de-Médecine, 17;

A LONDRES, CHEZ H. BAILLIÈRE, 219, REGENT-STREET.

1840.

DE LA STATISTIQUE

APPLIQUÉE

A LA PATHOLOGIE ET A LA THÉRAPEUTIQUE.

La statistique est un procédé méthodique qui consiste à compter des faits représentés par des unités, à chercher la proportion relative de deux ou plusieurs séries de ces unités, à calculer d'après ces nombres proportionnels, soit le rapport de fréquence des faits accomplis, soit les chances d'un événement à venir.

Elle comprend donc trois opérations diverses : 1° la fixation d'un certain nombre d'unités; 2° la détermination de la proportion relative de ces unités contituées en séries plus ou moins nombreuses; 3° le calcul des chances à venir d'après les événements passés. Quand la statistique s'applique à des événements passés, elle cherche quelle est la valeur de la différence obtenue dans les résultats de plusieurs séries d'observations. D'où il suit qu'elle a réellement deux ordres de problèmes à résoudre, l'un relatif à deux ou plusieurs séries de faits accomplis, l'autre ayant rapport aux chances à venir.

INTRODUCTION.

De la statistique appliquée à la pathologie et à la thérapeutique : sujet immense, que je ne pourrai traiter complétement dans cette dissertation, mais dont je chercherai à approfondir les points les plus importants en m'attachant à montrer quand, comment et jusqu'où la statistique est applicable à la pathologie et à la thérapeutique ; quelles sont les règles de son application ; quelles peuvent être les sources de ses erreurs.

Dans une première partie j'exposerai les principes de la statistique médicale ; la seconde se divisera naturellement en deux sections, dont la première sera consacrée à son application à la pathologie, et la deuxième à la thérapeutique. Mais avant d'entrer dans le développement de ces deux divisions du sujet, il convient de jeter sur la matière un coup d'œil d'ensemble, et d'exposer l'état de la question.

Si nous avions le loisir et s'il entrait dans notre plan de faire l'historique de la statistique, nous la verrions commencer certainement avec la civilisation. Les premières observations des Chaldéens, des Egyptiens, sur les phénomènes astronomiques, étaient de la statistique ; ces instituteurs du genre humain notaient déjà la fréquence relative des phénomènes dont ils étaient frappés, leur retour périodique, leurs irrégularités apparentes, et déduisaient déjà des lois utiles à l'agriculture et au commerce.

Le recensement des populations a nécessairement conduit à rechercher le rapport des morts aux naissances dans chaque contrée. Mais la statistique a pris son essor quand on en est arrivé à calculer les produits des différents pays, et surtout leurs revenus financiers.

Parmi ces questions d'économie politique un résultat surtout intéressait la médecine, et spécialement l'hygiène publique, c'était celui des tables de mortalité. Il faut arriver jusqu'à Deparcieux (1746) et Duvillard (1806) pour trouver quelque chose de satisfaisant à cet égard.

Cependant, depuis bien des siècles le calcul s'était peu à peu introduit dans la médecine. Cette fameuse théorie des nombres qui faisait la base de la doctrine de Pythagore, s'appliquait à l'homme comme à l'univers, au microcosme aussi bien qu'au macrocosme; c'est Hippocrate qui consacra définitivement son extension à la médecine, et lui donna cette immense autorité qui a traversé tous les siècles pour arriver jusqu'à nous, sinon triomphante, du moins encore debout. Qu'est-ce, en effet, que la doctrine des jours critiques, celle des septénaires, des années climatériques, des jours impairs, sinon une théorie fondée sur des rapports de nombres, sur un calcul de probabilités enfin ? Que sont ses pronostics, sinon une détermination approximative des

chances possibles ? Que sont ses aphorismes eux-mê-
mes, sinon des conclusions tirées de la fréquence relative de tels et tels symptômes, résultant du dépouillement et de la comparaison d'un très grand
nombre de faits enregistrés par les Asclépiades ?

Hippocrate a donc fait de la statistique, beaucoup de statistique ; et il a même poussé si loin l'application du calcul à la médecine, que ses successeurs
n'ont fait guère que le copier à cet égard sans aller
au-delà. Cependant, il faut l'avouer, ce sont plutôt
les résultats du calcul que les opérations mêmes qui
sont énoncés dans les ouvrages du père de la médecine ; et c'est peut-être à cette circonstance qu'il
faut attribuer le peu de progrès fait par la statistique depuis plus de deux mille ans. Nous devons
toutefois mentionner comme travaux importants
dans ce sens ceux de Sanctorius au commencement
du xviiᵉ siècle, et ceux de l'école iatro-mathémati-
que dont Borelli fut un des fondateurs et des plus
illustres interprètes, bien que les questions que
cette école s'appliquait à résoudre fussent des problèmes de statique plutôt que des calculs de probabilité. Cependant les médecins de cette école avaient
pour but d'appliquer à la médecine la méthode
expérimentale de Galilée, de constater rigoureusement les conditions physiques des phénomènes vitaux, et d'en déduire les lois à l'aide des mathématiques ; prétentions renouvelées de nos jours, du
moins en partie, par M. Magendie, dont les expériences ont certainement jeté quelque jour sur quelques

unes des fonctions de l'organisme. Mais il ne nous est point donné d'insister plus long-temps sur ce passé de la science : contentons-nous d'ajouter que tous les grands observateurs, tels que Sydenham, Morgagni, Stoll, etc., ont senti la nécessité de recueillir ou du moins d'observer des masses de faits pour faire marcher la science, reconnaissant ainsi, du moins implicitement, la puissance de la loi des grands nombres. C'est dans le même but que les journaux de médecine ont été fondés, et se sont si étonnamment multipliés de nos jours. C'est dans les masses de faits fournis par les épidémies que réside la valeur des ouvrages que nous ont laissés tant de grands maîtres de l'art. Enfin n'est-ce pas à l'observation des maladies qui attaquent les grandes réunions d'hommes, telles que les armées, que nous devons les pages les plus mémorables de Pringle et de l'auteur des *Phlegmasies chroniques*?

Jusqu'ici les nombres approximativement appréciés avaient été passés sous silence ; mais désormais la statistique va prendre un autre caractère, et se montrer à nu au lieu de se cacher derrière ses résultats. Les premiers ouvrages de médecine où la statistique est ainsi hautement avouée sont, je crois, les topographies médicales. Une des premières est celle de Berlin, par Formey (1796); depuis cette époque, un grand nombre d'autres ont été publiées ; on en trouve une collection remarquable dans les *Mémoires de médecine militaire*, recueil riche de faits intéressants et digne d'une publicité moins restreinte. Les premières ne contiennent pas de chiffres; mais celle du docteur Desgouttières, sur le mont Cenis, insérée dans le tome III, publiée en 1817, mais rédigée en 1798 sur des documents recueillis en 1795-1796, mentionne déjà quelques résultats statistiques intéressants sur les maladies du pays. Plusieurs monographies nous offrent aussi des rudiments de statistique, et quelques unes même, entre autres celle de M. Rayer (1), donnent des compa raisons de chiffres d'une importance majeure.

Ce n'est pas sans un vif regret que nous renonçons à traiter ce point de vue historique comme il mériterait de l'être; mais nous avons hâte d'arriver à une époque toute récente, toute chaude encore de controverse contemporaine; car c'est une époque à noter pour nous, que celle de la discussion solennelle que l'Académie royale de médecine a instituée sur l'utilité de la statistique.

Si cette science ou plutôt cette méthode date de si loin, et a déjà rendu tant de services à la médecine, comment se fait-il qu'elle ait rencontré de nos jours une si vive opposition?

Pour s'expliquer cette résistance, il est nécessaire de caractériser les dernières applications qui en ont été faites à notre science.

On ne saurait nier que des travaux de M. Louis ne date cette nouvelle ère de la statistique; non pas que d'autres n'aient fait avant lui quelqnes unes des opé-

(1) *Histoire de l'épidémie de suette miliaire qui a régné en* 1821. Paris, 1822, in-8º.

rations qu'il a si laborieusement multipliées, mais ses travaux sont tellement vastes, qu'ils lui donnent à cet égard des droits supérieurs à toute contestation.

Que M. Louis ait été conduit à sa méthode numérique par l'exemple que donnait alors un de nos savants éminents de l'application de la statistique à l'économie politique, ou, comme il le dit, par la nécessité de se rendre un compte exact de douze cents observations, peu importe à la question.

Trois ouvrages principaux renferment les travaux statistiques de M. Louis : 1° ses *Recherches anatomico-pathologiques sur la phthisie* (1825); 2° ses *Recherches anatomiques, pathologiques et thérapeutiques sur la maladie connue sous le nom de gastro-entérite* (1829); 3° ses *Recherches sur les effets de la saignée* (1835).

La force des chiffres amena M. Louis à renverser qnelques erreurs courantes et à contester quelques assertions de médecins distingués; il y avait déjà là, il faut le dire, une cause d'opposition; mais ce qui l'excita davantage, et, ce nous semble, avec le plus de raison, ce fut une prédilection si prononcée de l'auteur pour la méthode numérique, qu'il ne tint aucun compte de l'induction et de l'analogie quand elles se trouvaient en désaccord avec ses chiffres, et qu'il proclama avec autorité quelques résultats que repoussaient également et l'expérience et la raison. Nous retrouverons plus tard ces résultats et nous chercherons à en apprécier la valeur; il nous suffit ici de les énoncer pour faire comprendre les motifs de l'hostilité de certains écrivains contre la statistique médicale.

Il est vrai que cette hostilité s'adressait plutôt à telle ou telle application de la méthode qu'à la méthode elle-même ; mais cette distinction ne fut pas faite tout d'abord, et il est permis de croire que l'on confondit l'usage avec l'abus.

Quoi qu'il en soit, la méthode numérique eut bientôt de chauds partisans et d'ardents adversaires. Parmi ses défenseurs les plus éclairés, la rigoureuse justice nous oblige de citer M. le professeur Bouillaud, qui s'attacha, non pas seulement à faire, lui aussi, de la statistique, mais, ce qui était de la plus haute importance, à rectifier les résultats contestables et contestés qui avaient soulevé tant de colères contre la méthode numérique, et à montrer la source des erreurs.

Telle était la fortune de la statistique, lorsque M. le professeur Andral vint lire à l'Académie de médecine son mémorable rapport sur le traitement de l'affection typhoïde par les purgatifs (1). Dans ce travail il y avait de la statistique, et, entre autres, ce résultat tout-à-fait inattendu sur la mortalité suivant les différentes méthodes de traitement :

1° Simples délayants. — Mortalité   0/0

2° Évacuants seuls —   —   1/7

3° Émissions sanguines seules peu abondantes 1/4

4° Émissions sanguines et évacuants   1/3

(1) *Bulletin de l'Académie royale de médecine*, Paris, 1337, t. Ier, p. 496.

Hâtons-nous de rappeler les paroles qu'ajoute le rapporteur :

« Avec ces résultats instituerons-nous la science ? Non, messieurs, parce que, dans les faits qu'a produits chacun d'eux, il n'y a pas de parité suffisante à établir ni quant au nombre, ni quant à la nature. »

Malgré ces restrictions de M. le professeur Andral, un résultat tel que celui qu'il énonçait donnait aux adversaires de la statistique des armes formidables ; ils se montrèrent à découvert et M. le professeur Cruveilhier fut le premier à poser loyalement la question dans les termes suivants :

De l'utilité de la statistique dans ses applications à la médecine, et des limites de cette utilité.

Il ne niait pas d'une manière absolue l'utilité de la statistique en médecine ; mais cette utilité lui paraissait bornée, et il demandait qu'on essayât d'en poser les limites dans une discussion solennelle. C'est ce qui eut lieu, et les séances du 2, du 9, du 16, du 23, et du 30 mai, ainsi que celle du 6 juin 1837, furent consacrées à cet objet. La lecture du mémoire de M. Risueno d'Amador, faite le 25 avril, avait servi commé d'introduction à cette controverse.

Un résumé succinct de cette discussion nous servira merveilleusement à exposer l'état de la question. Nous analyserons d'un côté les objections des adversaires, et de l'autre les réponses des défenseurs de la statistique. Parmi les premiers figurent en première ligne, MM. Risueno d'Amador, le professeur Cruveilhier, Dubois d'Amiens, Piorry et Double ;

parmi les seconds, MM. les professeurs Bouillaud et Chomel, Louis, Gueneau de Mussy et Rayer, suivant l'ordre de discussion.

Objections.

La statistique a la prétention de substituer le calcul à l'observation et à l'induction et d'arriver à des résultats rigoureux. Cependant ses procédés, appliqués dans différents cas, n'ont souvent fourni que des résultats négatifs; ou bien on est arrivé par leur secours à des moyennes fictives, et qui ne sont d'aucune utilité en pathologie non plus qu'en thérapeutique. La statistique est tout-à-fait inhabile à résoudre un problème quel qu'il soit dans un cas donné : elle suppose, en effet, que la maladie est un phénomène unique, fixe, invariable, et qu'il y a une méthode de traitement absolue, exclusive, toujours la même; tandis que rien n'est plus complexe qu'une maladie; que les phénomènes vitaux sont toujours et incessamment variables; qu'ils se composent d'une telle quantité d'éléments, que le calcul qui voudrait les comprendre tous, serait impraticable; qu'il est par conséquent impossible de les considérer comme des unités, et qu'on risque, en additionnant ces prétendues unités, d'additionner des unités d'unités avec des unités de dizaine, de centaine, de mille, etc. Il n'est pas plus possible d'additionner plusieurs maladies que d'additionner plusieurs santés, tant la santé et la maladie sont des états variables dans chaque individu. Enfin, la statistique est encore une science à fonder, ou de toutes les sciences elle est celle qui compte le plus d'erreurs.

Réponses.

La statistique ne rejette point l'analyse logique ni le raisonnement; elle n'est qu'un des instruments de la méthode expérimentale. Puisqu'en médecine il y a des problèmes de nombre et de quantité, il faut bien avoir recours aux chiffres et au calcul pour les résoudre. Le calcul donne des probabilités d'autant plus fortes que le nombre des chiffres est plus grand, et non des résultats absolus. S'il n'a produit, dans tels et tels cas, que des résultats opposés ou négatifs, c'est que les nombres n'étaient pas assez grands ou que les faits n'étaient pas comparables. Les moyennes qu'il fournit, soit en pathologie, soit en thérapeutique, si elles n'ont pas qualité pour résoudre un cas de pratique donné, font connaître les faits généraux, seules bases de la science pathologique et thérapeutique. La statistique ne suppose pas que la maladie est un phénomène absolument fixe et invariable, mais elle note les ressemblances entre les différents cas, et appelle unités de même nature et comparables entre elles les cas dans lesquels un diagnostic précis lui a donné la certitude ou du moins l'extrême probabilité que les différences sont assez petites pour pouvoir être négligées; imitant en cela l'observation ordinaire, qui impose le même nom à des maladies de même ordre; la complexité des éléments qui entrent dans chaque individualité morbide, au lieu

d'être un obstacle à l'application de la statistique,
l'exige au contraire impérieusement, car elle substi-
tue un compte exact des éléments multiples, à l'indication approximative qu'on en avait faite jusque là;
elle fixe sur le papier ce que l'on se contentait de
confier à la mémoire. C'est par suite de ce travail que l'on acquiert la certitude d'additionner des
unités de même ordre. Quant aux problèmes de thérapeutique, il est impossible de les résoudre autrement que par l'addition exacte et rigoureuse, et
la comparaison du plus grand nombre possible de
succès et d'insuccès. Ce peut être une difficulté de
faire des groupes qui se ressemblent, mais ce n'est
pas une impossibilité. Dans tous les temps, on a ad-
ditionné des maladies; la statistique ne fait donc en
cela rien d'extraordinaire; il n'y a de nouveau que
la précision qu'elle apporte dans ses additions. Enfin,
la statistique peut avoir accrédité des erreurs, mais
elle a pu les rectifier elle-même et a déjà rendu d'éminents services : elle ne saurait être repoussée.

Nous avons supprimé, dans ce résumé succinct,
tous les arguments pour ou contre ayant trait à des
cas particuliers, parce que ces cas se présenteront
nécessairement dans la deuxième partie de ce travail.

Quelque talent qu'aient déployé les hommes qui
ont pris part à ce débat, la question ne paraît pas
encore définitivement résolue; d'ailleurs il ne s'a-
git pas plus aujourd'hui de faire le procès à la statistique que d'en entreprendre le panégyrique. Peu

de personnes en sont à nier encore d'une manière absolue l'utilité de la statistique ; tout le monde convient qu'il vaut mieux compter exactement les maladies que l'on traite, que d'en agiter un souvenir confus ; et qu'un très grand nombre, mais un nombre précis de succès, dans une maladie quelconque par un traitement donné, a plus de valeur que le succès dans un petit nombre de cas ou dans un nombre indéterminé. Mais jusqu'où peut-on pousser l'application du calcul en pathologie et en thérapeutique, et quel degré de confiance peut-on accorder aux résultats qu'elle donne ? voilà ce qu'il importe de décider d'une manière nette et tranchée, afin qu'il n'y ait plus d'objection possible, sinon aux applications particulières, du moins au principe même de l'application ; et d'un autre côté, afin que chacun puisse juger de la valeur de tel ou tel résultat.

On se rappelle parfaitement la sensation que produisirent, dans les dernières années de la restauration, ces tableaux statistiques de M. Ch. Dupin, qui représentaient les différents départements de la France avec des teintes plus ou moins foncées, suivant le degré d'instruction de chacun d'eux, et le rapport qu'il établit entre le nombre des crimes et l'ignorance des populations. Que ces tableaux aient eu ou non besoin d'être rectifiés, ce n'est pas ce que je veux discuter ; ce que j'ose affirmer, sans crainte d'être contredit, c'est qu'ils furent d'une immense utilité ; servirent puissamment la cause du progrès , donnèrent un nouvel essor à l'économie politique, et imprimèrent aux recherches d'hygiène publique un caractère d'exactitude et de rigueur tout nouveau. Serait-il donc possible que la statistique s'arrêtât précisément sur le seuil de la médecine? qu'elle fût applicable à la durée de la vie, non à celle des maladies? qu'elle fût utile à l'homme en santé, inutile à l'homme malade? qu'elle fût bonne enfin à calculer les chances de vie et de mort de la population dans toutes les conditions sociales, et inhabile à calculer les chances de vie et de mort de la population des hôpitaux?

PREMIÈRE PARTIE.

PRINCIPES DE LA STATISTIQUE MÉDICALE.

Le calcul est la science des unités combinées de diverses manières, et la statistique s'exerce toujours et nécessairement sur des *quantités*. Une première condition de son application à la médecine, c'est donc que la quantité entre pour élément dans cette science. Otez cet élément, et il n'y a pas de calcul possible; mais, s'il est une fois quelque part, il entraîne à sa suite la nécessité du calcul. Voyons donc où est l'élément quantité en médecine, et particulièrement dans la pathologie et la thérapeutique.

Il est partout : dans le nombre des individus qui forment le sujet des observations, dans le nombre des causes prédisposantes et déterminantes, dans le nombre des phénomènes morbides, dans le nombre des jours de durée, dans le nombre des altérations cadavériques, dans le nombre des médicaments employés, enfin dans le nombre des différents modes de terminaison.

Cette considération des nombres est applicable aux observations isolées de chaque malade; mais elle ne l'est pas moins à l'observation des masses d'individus.

Les nombres se composent d'unités qui, abstractivement parlant, sont toutes de même nature, et peuvent être considérées comme simples. Dans l'application, les unités sont de nature différente; elles ne sont plus des unités simples, mais des unités complexes. Ici commence la difficulté. Restez dans l'abstrait et vous n'avez nullement à vous occuper de la nature des unités; calculez, vérifiez votre calcul, et acceptez le résultat en aveugle. Mais en pratique, où les quantités, déjà composées d'unités si complexes, sont confondues avec une infinité d'autres éléments, prenez garde à la nature du quotient.

Pour appliquer sérieusement le calcul à la médecine, il faut commencer par se bien pénétrer de ces deux principes : premièrement, que l'on n'agit que sur des nombres; en second lieu, que les unités sont toujours complexes, et souvent de natures très diverses.

Ainsi, prenez un fait médical, quel qu'il soit : il n'a pas d'unité réelle, il n'a qu'une unité conventionnelle. Qu'est-ce, en effet, qu'un fait médical? C'est l'observation d'un malade; mais un malade n'est point une unité simple, c'est un organisme infiniment complexe, et sa maladie une succession de phénomènes différents. Ainsi, dès le point de départ, l'unité apparente s'est décomposée en une multitude d'unités diverses.

Serait-ce là un obstacle à l'application du calcul

à la médecine? Mais alors il faudrait renoncer aussi à son application à toutes les choses matérielles, qui toutes sont complexes. Or, on sait quels immenses avantages l'industrie et les sciences ont retirés de cette application. Voici comment se résout ce problème de pratique. Il s'agit d'unités complexes? fixez-en d'abord le nombre, puis décomposez ces unités dans leurs différents éléments, et prenez le nombre de chacun d'eux. La chimie nous offre des exemples frappants de cette analyse et de son utilité : l'eau est un corps complexe; elle le décompose, y trouve deux éléments, et comptant la proportion relative de ces éléments, elle arrive à cette formule : H^2O.

Essayons cette méthode en médecine. Voici un malade; décomposons cette individualité en ses différents éléments de sexe, d'âge, de constitution, etc.; puis analysons les symptômes, mais notons toujours le nombre de chacune des circonstances qui se présentent.

C'est ce premier travail que M. Louis désigne sous le nom de *méthode numérique*, et que l'on a souvent confondu avec la statistique et avec le calcul des probabilités. La méthode numérique est un procédé que l'on emploie pour déterminer les unités auxquelles on veut plus tard appliquer le calcul des probabilités; pour arriver là, on établit la proportion relative de deux ou plusieurs séries de ces nombres fixés par la méthode numérique. La statistique est l'ensemble de ces opérations, comme nous l'avons dit au commencement de ce travail.

Au début de nos essais d'application de la statistique à la médecine, un obstacle nous arrêtait, la complexité de chaque unité. Cet obstacle, nous l'avons surmonté, en décomposant l'unité complexe, et en appliquant le calcul au nombre des éléments; et nous étions encouragés par les succès des sciences physiques. Cependant une difference fondamentale existe entre ces sciences et la nôtre, c'est que les éléments peu nombreux des unités inorganiques peuvent facilement se compter, tandis que les éléments des unités organiques sont tellement nombreux, que nous ne sommes pas toujours sûrs de les avoir tous comptés et de connaître leurs véritables proportions. De là les difficultés de la chimie organique, celles des classifications des végétaux et des animaux, de toutes les sciences qui s'occupent des êtres organisés, et de la médecine en particulier. Ainsi, première difficulté réelle, celle de décomposer les unités complexes en tous leurs éléments, attendu leur *multiplicité;* une seconde difficulté non moins grande est celle qui résulte de la *variabilité* de ces éléments. Quoi de plus variable en effet que les éléments d'une individualité morbide? Enfin, une troisième difficulté, c'est, dans le calcul des chances à venir, l'intervention d'éléments inconnus, étrangers, dont l'action modifie singulièrement les chances de cet événement. La question est maintenant de savoir si la statistique nous offre des moyens sûrs de sortir de ces difficultés. Rendons-nous donc compte des procédés qu'emploie la statistique, pour résoudre les problèmes qui lui sont posés en médecine.

Tout problème de statistique, et en particulier de statistique médicale, suppose des faits observés, comptés et représentés par des unités, et la question est toujours l'une des deux suivantes : Quelle est la fréquence de tel phénomène; ou bien : Quelle est la probabilité du retour de tel fait? Mais ici il y a une condition nécessaire qui complique le problème, c'est que toutes les causes qui peuvent influer sur le phénomène ne sont pas connues; c'est qu'on ne cherche pas la probabilité de son retour dans telles circonstances toutes connues et déterminées à l'avance, mais seulement dans l'ensemble des circonstances possibles. Eh bien! cet ensemble de circonstances possibles est variable ou invariable : *variable*, lorsqu'il intervient, pendant le cours de l'observation, des causes nouvelles et influentes qui n'avaient point agi jusque là; *invariable*, lorsque ces causes nouvelles n'intervenant point, les causes ordinaires, connues ou inconnues, restent les mêmes, soit qu'elles agissent toutes à la fois dans une certaine proportion, soit que l'une d'elles tantôt agisse et tantôt n'agisse pas, étant alors sans doute remplacée par une autre.

Ainsi, il faut à la statistique des faits, mais des faits comparables, et qui puissent être considérés comme des unités de même nature, semblables, sinon identiques; ce qui ne peut exister que sous la condition que l'ensemble des circonstances reste le même.

Il faut de plus à la statistique beaucoup de faits.

Examinons successivement ces deux points : la nature des faits et leur nombre.

Nature des faits.

Si nous considérons les faits comme des unités, il est évident que ce sont des unités toutes conventionnelles, comme sont d'ailleurs toutes les unités matérielles, puisqu'il n'y a pas deux objets dans la nature qui soient absolument et identiquement les mêmes. En effet, unité ne suppose pas nécessairement identité : ainsi, les hommes, les habitants d'une ville, d'un pays, du globe entier, quoique très différents les uns des autres, sont tous les jours pris comme autant d'unités que l'on compare, et qui servent d'éléments aux calculs les plus compliqués. Pourquoi cela? Parce que les hommes se ressemblent plus entre eux qu'ils ne ressemblent aux autres êtres de la nature; on omet les différences, on ne tient compte que des ressemblances, et il y a un assez grand nombre de ces derniers traits, pour qu'on puisse considérer tous les hommes comme des individus semblables ou comme des unités comparables. Mais existe-t-il des unités en pathologie et en thérapeutique? incontestablement; et, dans la discussion de l'Académie, M. Rayer, répondant à M. Double, a parfaitement saisi et développé cette vérité (1).

« La statistique médicale, messieurs, s'est créée

(1) *Bulletins de l'Académie de médecine*, t. I, p. 781-784.

sous nos yeux avec l'analyse, qui a distingué dans des masses, jusque là confuses, des éléments spéciaux et caractérisés. Là, était la première difficulté à vaincre; là était une première condition sans laquelle elle ne pouvait exister. Cela fait, elle s'est crue autorisée à user des ressources nouvelles que lui donnait le diagnostic; mais, cela fait, on lui a contesté le droit de s'en servir, et on lui a objecté que ce qu'elle prenait pour des unités était et serait toujours très complexe, et ne pourrait jamais fournir aucun élément de calcul. C'est là, messieurs, toute la question; je vous prie de le remarquer. S'il était une fois admis qu'il existe des choses suffisamment analogues pour être, sans erreur sensible, prises l'une pour l'autre, des unités pathologiques enfin, il s'ensuivrait nécessairement que l'arithmétique médicale serait praticable; et nul ne pourra nier que dès que l'on peut compter, il ne soit bon de le faire.

» Dans la constitution de ce que j'appellerai une *unité pathologique*, il y a deux choses à considérer. Il faut savoir, non seulement si les ressemblances sont grandes, mais encore si les différences sont assez petites pour être négligées. Étudions donc ce que c'est que *différence* et *ressemblance*, par rapport à l'unité pathologique.

» La ressemblance des maladies est ce qui, tout d'abord, a éveillé l'attention des médecins, et c'est elle qui a formé les groupes bien ou mal déterminés, sur lesquels l'étude s'est long-temps exercée. A côté des ressemblances trompeuses il y avait des ressemblan-

ces véritables. Ces dernières ont été aperçues aussi,
et elles ont donné naissance aux aphorismes dura-
bles que la science a recueillis. On a dit dans cette
enceinte que le calcul avait été de tout temps en
usage; je le veux bien, si par le calcul on entend le
procédé à l'aide duquel on a obtenu une formule
thérapeutique. C'est ainsi que le traitement de la
fièvre intermittente *simple* a été transmis par les
médecins qui, les premiers, ont essayé le quinquina.
Là, la ressemblance a été si grande qu'elle a frappé
tous les yeux, et elle a été si juste que la postérité
n'a rien changé au résultat.

» Mais, a-t-on dit, est-il réellement des cas simples? Non, disent les adversaires de la statistique
médicale; ces faits qui paraissent si semblables contiennent encore des différences que vous négligez,
et qui infirment l'application du calcul. Nous voilà
arrivé au second point qui doit être examiné dans
la constitution de l'unité pathologique. Y a-t-il ou
n'y a-t-il pas de différences que le thérapeutiste, et
par conséquent le calcul, soit en droit de mettre de
côté? S'il n'y en a pas, les adversaires *de la statistique*
médicale ont raison. Le praticien se trouve devant
des cas incessamment nouveaux. Les règles générales
s'évanouissent, ou pour mieux dire, pour rendre plus
pleinement justice à la partie des hommes éminents
que je combats, le fondement de la thérapeutique
est déplacé; au lieu d'être aussi bien dans les résultats de l'expérience touchant une maladie donnée
que dans les indications individuelles, il est rejeté

dans la recherche des indications ; le diagnostic baisse de prix et les indications augmentent de valeur ; mais si, au contraire, il est des différences individuelles qu'il soit permis de négliger, alors on parvient à former *certains groupes* composés de choses que, pour le calcul et la pratique, on peut dire identiques.

» Or, messieurs, n'est-ce pas un fait constant que la pratique se règle souvent comme s'il y avait dans une même maladie des différences à négliger? Combien de pneumonies simples ne traitez-vous pas semblablement? à combien de gales simples ne donnez-vous pas le même médicament et de la même façon? A tort ou à raison, la pratique agit ainsi; c'est un fait qui se constate, une nécessité qui se montre, et en même temps une preuve qui s'apporte de l'existence de ces *unités pathologiques* que l'on veut vainement contester.

» Les praticiens, dans un grand nombre de cas, se conduisent comme s'il y avait identité, et l'on ne voudrait pas qu'ils transformassent leur manière de faire en calculs et leurs calculs en préceptes. Soit imperfection radicale et irrémédiable, soit plutôt résultat instinctif d'une perception plus philosophique et plus générale, la médecine admet des identités, et conforme sa pratique à cette opinion. La statistique ne fait donc que prendre les choses telles qu'on les lui donne; et en supposant que des observations peuvent être comparées et comptées, elle ne fait qu'obéir à la persuasion commune.

» L'application du calcul à la thérapeutique suppose-t-elle qu'une maladie est un phénomène unique, fixe, invariable, qui comporte une méthode de traitement absolue, exclusive, toujours la même? Non, messieurs, une maladie n'est point un phénomène unique; mais quelquefois ce phénomène est assez semblable à lui-même pour que le praticien le prenne pour unité. Elle n'est point fixe, mais quelquefois son inconstance n'a rien qui altère les prévisions du médecin et les résultats de la pratique; elle n'est point invariable, mais quelquefois ses variations sont renfermées dans des limites assez étroites pour qu'on les laisse de côté sans aucun inconvénient appréciable.

» Plus le diagnostic devient précis, plus de telles comparaisons entre faits semblables sont possibles. Il en résulte que le nombre des *unités médicales* croît et croîtra à mesure que la science arrivera à des résultats plus précis. »

Puisqu'il est incontestable que l'on peut regarder une maladie comme une unité, les différentes variétés des maladies et même les divers symptômes comme autant d'unités, il nous reste à chercher maintenant quels sont les cas où ces unités peuvent être considérées comme de même nature.

Les faits et les phénomènes que nous voyons se succéder sont soumis à un *ensemble de causes possibles*, suivant l'expression de M. Poisson. Si cet ensemble de cause reste *invariable*, les phénomène seront comparables et de même nature; et réciproquement, si les phénomènes continuent à être semblables, l'ensemble des causes possibles est resté le même; que si une perturbation est survenue dans l'ensemble des causes, les phénomènes cessent d'être semblables et de même nature.

Ces principes, empruntés à M. Poisson, ont été parfaitement développés par l'auteur des *Principes généraux de statistique médicale*, M. Gavarret. Appliquons-les ici, et pour commencer, prenons d'abord l'unité la plus large de signification, l'unité maladie. Elle n'est pas toujours évidemment de même nature; les temps et les lieux peuvent y apporter des différences radicales. Si, par exemple, vous voulez connaître la moyenne des maladies d'un pays, il ne sera point indifférent que vous fassiez votre calcul dans un temps ordinaire, où l'ensemble des causes possibles reste invariable, ou dans un temps d'épidémie, alors que l'ensemble des causes possibles éprouve une perturbation; la proportion sera beaucoup plus forte dans ce dernier cas que dans le premier, de sorte que les unités ne seront plus semblables et comparables, ni, partant, de même nature.

Il est évident que pour connaître la moyenne des maladies de Paris, par exemple, il ne faut pas la chercher pendant l'année du choléra.

Ainsi cette quesion étant posée : Quelle est la salubrité de tel lieu? c'est-à-dire quelle est la proportion des malades aux bien portants? Elle demande, pour être résolue par une moyenne vraie, deux conditions : 1 des *unités maladies* de même nature; 2° un grand nombre d'unités. Or, ces unités peuvent être considérées comme de même nature dans les temps ordinaires, où l'ensemble des causes possibles de maladie reste invariable ; mais elles perdent cette propriété dès que des causes perturbatrices, telles qu'une épidémie, une révolution, etc., viennent changer l'ensemble de ces causes possibles.

Que l'on prenne maintenant pour unité, non plus la maladie en général, mais telle ou telle maladie en particulier ; et les mêmes raisonnements, les mêmes principes de statistique seront applicables. Ils le seront encore aux unités thérapeutiques aussi bien qu'aux unités pathologiques. La suite de ce travail mettra, nous l'espérons, cette proposition hors de doute.

Une question doit nous arrêter ici : Aurons-nous toujours le moyen de reconnaître si les unités sur lesquelles nous agissons par le calcul, sont de même nature ?

S'il s'agit d'une maladie en particulier, il faudra en décomposer les éléments par l'analyse, et en fixer le nombre par des chiffres, ce qui constitue l'application de la méthode numérique. Rapprochant ensuite ces unités décomposées, nous les dirons de même nature quand le chiffre des éléments constamment semblables l'emportera sur celui des éléments dissemblables ; et nous les proclamerons de nature différente quand ces derniers l'emporteront sur les premiers, ou modifieront sensiblement la composition des unités. C'est ici qu'un diagnostic précis est de la plus haute importance ; et nous répèterons avec M. Rayer : « Calcul approximatif, calcul rigoureux, induction

logique, tous ces précieux éléments de l'expérimentation, appliqués à des faits mal déterminés, n'ont pu
engendrer et n'engendreront jamais qu'erreur et incertitude. » Cependant, ces unités si complexes, serons-nous jamais sûrs d'en avoir déterminé tous les
éléments? Non certainement; mais du moins nous
pouvons croire qu'à force d'analyse exacte et rigoureuse, nous approcherons de plus en plus de cette
connaissance intime de la nature des unités, objet de
tous nos efforts. C'est bien ici le cas de dire avec
M. Louis, « que la multitude des éléments et des ques-
» tions que l'on est obligé de se faire en pathologie,
» loin d'être une objection à l'emploi de la statistique,
» est une de ces circonstances qui rendent l'analyse
» numérique indispensable. » Chercherait-on à échapper à cette difficulté de la position par l'observation
et l'induction sans le secours des chiffres? Mais il est
évident que la difficulté sera encore plus grande,
sera insurmontable; car où donc est la faculté de
mémoire assez puissante pour se faire un tableau
exact de ces nombreux éléments qui n'auraient pas
été comptés?

D'ailleurs, c'est ici que la loi des grands nombres,
apportant un secours efficace, éliminera les éléments
les moins importants.

Que, s'il s'agit d'un problème de thérapeutique
dont les éléments soient aussi excessivement complexes, il faut se rappeler que la continuation dans
l'observation fera tomber successivement tous les
obstacles, et que « dans une série d'événements in-

» définiment prolongée, l'action des causes régulières
» et constantes doit l'emporter à la longue sur celle
» des causes irrégulières (1).

Valeur du nombre des faits.

Examinons maintenant le second point, le nombre des faits.

Il suffit du simple bon sens pour comprendre que les résultats obtenus d'un petit nombre de faits ont infiniment moins de valeur que ceux que procure un grand nombre. Si nous cherchons, au moyen du raisonnement, à nous rendre compte de cette différence dans les degrés de notre confiance, nous en trouverons la principale raison dans la variabilité des chances.

Ainsi, supposons qu'il soit question de mortalité dans les maladies, l'expérience nous apprend qu'elle est loin d'être la même dans tous les temps, dans toutes les saisons, dans toutes les années. Cette mortalité prise à une époque pourra être très forte, et très faible au contraire à une autre. En outre, un petit nombre de faits peuvent fort bien ne nous offrir qu'une exception, et la plus favorable ou la moins avantageuse, les maladies les plus légères ou les plus graves; tandis qu'il est peu probable qu'un grand nombre ne présentent pas toutes les chances diverses ou du moins un grand nombre d'entre elles.

Aussi de quelles différences n'ai-je point été frappé

(1) Laplace, *Essai philosophique sur les probabilités*, p. 71.

dans la mortalité du service qui m'est confié depuis près de dix ans, et dont le nombre d'entrants s'élève, par mois, de 100 à 120 ou 150! Je trouve, par exemple, en prenant ces moyennes au hasard, au mois de janvier 1837, 1 mort sur 58 malades, et dans la même année, au mois de juillet, 1 sur 10. Puis à l'inverse en 1839, 1 mort sur 35 en janvier, 1 sur 45 en juillet. Cependant aucune de ces mortalités n'exprime la vraie mortalité moyenne; car c'est tantôt 1 sur 15, 1 sur 20, 1 sur 3o. Mais, si j'additionne tous les nombres des 10 années réunies, j'aurai la vraie moyenne, car les chances seront compensées les unes par les autres.

N'est-ce point une chose remarquable que cette propriété des grands nombres d'égaliser les chances; et ne semble-t-elle pas indiquer que, derrière la variabilité et la diversité apparentes, il y a une loi invariable et toujours agissante? Je ne puis résister au désir de citer, à ce sujet, deux passages de Laplace bien dignes d'être médités.

« Tous les événements, dit-il, ceux même qui par
» leur petitesse semblent ne pas tenir aux grandes
» lois de la nature, en sont une suite aussi nécessaire
» que les révolutions du soleil. Dans l'ignorance des
» liens qui les unissent au système entier de l'uni-
» vers, on les a fait dépendre des causes finales ou du
» hasard, suivant qu'ils arrivaient ou se succédaient
» avec régularité ou sans ordre apparent; mais ces
» causes imaginaires ont été successivement reculées
» avec les bornes de nos connaissances et disparais-

» sent entièrement devant la saine philosophie, qui
» ne voit en elles que l'expression de l'ignorance où
» nous sommes des véritables causes.» *Essai philoso-*
phique sur les probabilités, p. 2 — 3. Et plus loin : « Au
» milieu des causes variables et inconnues que nous
» comprenons sous le nom de *hasard*, et qui rendent
» incertaine et irrégulière la marche des événements,
» on voit naître, à mesure qu'ils se multiplient, une
» régularité frappante qui semble tenir à un dessein...
» Mais en y réfléchisant, on reconnaît bientôt que
» cette irrégularité n'est que le développement des
» possibilités respectives des événenents simples qui
» doivent se présenter plus souvent, lorsqu'ils sont
» plus probables. » P. 74.

Ainsi, c'est à travers une infinité de causes variables que percent les causes constantes ; or, plus on
a accumulé de faits, plus on a eu l'occasion de re-
trouver ce retour de causes constantes, et de le constater ; aussi la *précision des résultats*, dit M. Quetelet,
croît comme la racine carrée du nombre des obser-
vations. Mais ces causes constantes, ce sont les vraies
causes ; c'est le plus souvent un *ensemble* de causes,
ensemble permanent, au sein duquel se compensent
avec le temps, l'action de causes diverses.

La considération de cet *ensemble* invariable de causes variables est de la plus haute importance, et nous
ne pouvons mieux faire que de reproduire ce qu'en
dit l'auteur des *Principes généraux de statistique*
médicale, (p. 66-69) : « Quand on entreprend une
série d'observations relativement à des événements

à chance variable, jouissant de la propriété de s'exclure mutuellement, dont un seul arrive nécessairement à chaque épreuve, telles que seraient la *guérison* ou la *mort* d'un malade soumis à une médication connue, on peut arriver à des résultats très différents les uns des autres, suivant le nombre de faits auxquels on s'arrête. Si on se contente de recueillir un petit nombre d'observations, une centaine, par exemple, il pourra ne plus exister aucun lien commun entre les chances de production des événements étudiés et les nombres qui représentent la fréquence de leur manifestation pendant la durée de ce travail. Une statistique aussi bornée ne pourra servir à rien par elle-même, ne pourra fournir aucune notion admissible relativement aux lois suivant lesquelles ces phénomènes doivent apparaître. En prenant les rapports ainsi obtenus pour représenter ces lois de manifestation, on s'exposerait à des erreurs tellement grandes, il pourrait exister une si énorme différence entre les lois réelles et les lois déduites *a posteriori*, que de pareils renseignements ; bien loin de servir à l'avancement d'une science d'observation ne sauraient que lui nuire. Dans beaucoup de cas, enfin, on connaît le danger de présenter, comme devant arriver plus fréquemment, celui des deux événements qui aurait en réalité la plus petite chance de production. Et cela est sans doute déjà arrivé à plus d'un observateur, trompé par la méthode généralement suivie dans l'emploi de la statistique en médecine.

« Mais, si au lieu de se restreindre ainsi dans un

cadre trop borné, on recueille plusieurs centaines d'observations relatives aux mêmes événements, en se conformant d'ailleurs à la condition indispensable de l'*invariabilité de l'ensemble des causes possibles* auxquelles ils sont liés, les rapports fournis par la statistique acquièrent une très grande importance. Jamais, il est vrai, quelque étendue que soit la série des épreuves tentées, on ne pourra considérer ces rapports comme la traduction rigoureuse et absolue des chances moyennes de ces événements. Mais à mesure que le nombre des observations recueillies deviendra plus considérable, ces rapports et ces chances moyennes tendront à se confondre, en sorte qu'il arrivera un moment où la différence entre ces quantités sera complétement négligeable. Alors aussi l'erreur à laquelle on s'expose toujours en prenant le rapport qui exprime la fréquence de manifestation d'un fait pour l'expression de sa loi d'apparition sera négligeable, la conclusion déduite de la statistique sera justifiée et pourra prendre rang dans la science.»

« Pour se faire une idée juste de l'influence des grands nombres sur la validité des conclusions déduites d'une statistique et de la véritable cause de cette influence, il suffit de réfléchir un moment à la manière dont les morts et les guérisons sont réparties dans une longue suite d'observations relatives à la même maladie, soumise à la même médication. Chacun sait en effet que quand les cas observés sont disposés purement et simplement par rang de date, rien n'est plus irrégulier que la répartition des terminaisons funestes. Ici se rencontre une série, dans l'étendue de laquelle la mortalité est très faible, presque nulle; plus loin, une nouvelle série ne se compose presque que de morts. Ailleurs, enfin, les nombres des morts et des guéris semblent se compenser exactement. »

« De cette composition de toute statistique médicale, il résulte qu'au moment où un observateur arrête son travail d'expérimentation pour calculer la mortalité moyenne avec les faits qu'il a recueillis, il néglige nécessairement tous les malades qui se présenteraient à lui après cette époque. Il s'expose donc à donner une mortalité plus faible ou plus forte que celle qu'il eût obtenue en ajoutant aux faits qu'il possède déjà, la série des faits qui vont arriver, suivant que cette série présentera des résultats contraires ou favorables à la méthode thérapeutique employée, sans que rien *à priori* puisse lui faire apprécier, ni l'étendue, ni le sens de l'erreur. »

« Or, il est très facile de voir que cette erreur, très considérable quand on n'agit que sur de petits nombres, disparaît à peu près complétement quand la statistique est très étendue. »

Ici M. Gavarret cite des passages de M. Poisson, pour démontrer mathématiquement ces principes, et donne quelques exemples à l'appui. Comme il ne convient pas que nous entrions dans ces détails algébriques, nous allons essayer de réduire cette démonstration à une proposition logique. Laplace n'a-t-il pas dit, que « la théories des probabilité n'est au fond que le bon sens réduit au calcul (p. 275)»? Dès-lors, et à l'inverse, pourquoi ne réduirions-nous pas une question de calcul à une question de bon sens ?

Supposons d'abord que le calcul de la mortalité moyenne ne porte que sur un petit nombre de chiffres, et par conséquent soit limité à un temps très court ; supposons qu'on ait obtenu, d'après l'observation de 100 cas, une moyenne de 1 mort sur 10. Nous pouvons également supposer (et les exemples cités par nous justifient cette supposition), qu'au moment où s'arrête le calcul de mortalité, la moyenne eût changée et que, calculée sur 100 autres cas, elle se fût élevée à 1 sur 5, ou abaissée à 1 sur 20. Par l'addition de ces nouveaux nombres, nous aurions eu, dans le 1er cas, une mortalité de 1 sur 6,6, et dans le second une de 1 sur 13,3 : différence énorme. La moyenne que nous aurions prise nous aurait donc jetés dans une grave erreur, et nous aurions été bien loin de posséder la moyenne probable de mortalité à venir.

Que si, au lieu de borner nos observations à un petit nombre de cas, nous l'étendons à un grand nombre, les chances d'erreur diminueront d'autant plus que les nombres seront plus grands. En effet, supposons que nous ayons obtenu cette moyenne de 1 sur 10, non pas sur 100 cas, mais sur 100,000 pendant le temps consacré à l'observation de ces 100,000 cas, toutes ou presque toutes les chances ont dû se présenter, c'est-à-dire que la mortalité s'est tantôt abaissée, tantôt élevée, et que ces oscillations ont été compensées les unes par les autres. Maintenant qu'importe qu'au moment où notre observation cesse, la mortalité change un instant? Le nombre des nouveaux malades est si petit, celui des morts si minime, que nos grands nombres n'en seront pas sensiblement affectés.

Preuves : Une mortalité de 1 sur 10, d'après l'observation de 100,000 malades, suppose 10,000 morts. Maintenant joignez à ces 100,000 malades, 100 autres malades qui sont censés les sujets de l'observation subséquente, vous avez 100,100 malades; puis aux 10,000 morts ajoutez, soit 20 morts, si la mortalité s'est élevée à raison de 1 sur 5; soit 5 morts, si elle s'est abaissée à 1 sur 20, et vous-aurez : sur 100,100 malades, soit 10,020 morts, soit 10,005. Calculez maintenant la moyenne, et vous obtiendrez, soit 1 mort sur 9,990; soit 1 sur 10,005, ou sensiblement dans les deux cas, 1 sur 10.

Vous voyez que la moyenne n'a pas été sensiblement altérée par les changements survenus dans la mortalité postérieurment à la première observation, parce que le chiffre était très élevé. Mais s'il arrivait, objecte M. Risueno d'Amador, qu'une observation de 100,000 autres malades donnât un résultat tout différent du premier, votre première moyenne serait alors extrêmement altérée. Oui, *s'il arrivait*, etc.; mais nous attendons que cela arrive; ou plutôt nous verrons plus bas qu'un tel changement ferait nécessairement supposer une perturbation dans l'ensemble des causes possibles, et qu'alors les deux séries d'observations ne seraient plus comparables.

Cependant pouvez-vous vous flatter d'avoir enfin obtenu la moyenne probable? Non, mais vous êtes sûr de vous en être extrêmement rapproché; et cela est tellement certain, que si, pendant le même espace de temps où vous faites vos observations, une autre personne en fait un aussi grand nombre que vous, sa moyenne ne s'écartera pas sensiblement de la vôtre. Comme elle s'en écartera cependant, il était important de calculer les limites de ces oscillations. C'est à quoi est parvenu M. Poisson, et il a reconnu que cette limite était toujours dans un rapport déterminé avec le nombre des faits; de sorte que, par sa formule, on peut calculer à l'avance quelle est la limite de l'erreur possible d'après le nombre des observations; cette erreur pouvant être grave si le chiffre est faible, et devenant de plus en plus insignifiante à mesure que le chiffre augmente.

La chance moyenne d'un événement donnée par le calcul du nombre de fois que cet événement est arrivé n'est point absolue, c'est-à-dire que, sans que les circonstances changent, l'ensemble des causes possibles restant invariable, le résultat d'une seconde série d'observations peut différer du premier; mais si l'ensemble des causes possibles est resté le même, la différence ne pourra s'élever au-dessus ou s'abaisser au-dessous de certaines limites. Ainsi, supposons qu'une maladie quelconque, traitée par les mêmes moyens sur un nombre déterminé d'individus, ait donné telle mortalité moyenne; supposons qu'une seconde série d'observations ait été faite sur le même nombre d'individus, *alors même que toutes les circonstances eussent été absolument les mêmes*, la moyenne de mortalité, pourra différer de la première, mais pas au-delà de certaines limites déterminées par M. Poisson; et cette limite de latitude dans la moyenne sera d'autant plus restreinte que le nombre d'observations aura été plus grand, et d'autant plus large que le nombre aura été plus petit. De sorte que si, dans le second cas, on a perdu plus ou moins de malades, mais dans cette limite, on ne pourra rien en inférer pour ou contre la méthode ou l'habileté de celui qui l'aura employée (1).

(1) Voici quelques explications sur cette formule de M. Poisson. En nommant B le rapport du nombre d'expériences avec le nombre de fois qu'un cas est arrivé, ce rapport n'est pas la chance véritable de l'avenir; cette chance ne peut pas être exprimée par un chiffre, car la probabilité varie entre deux limites, et ce sont ces limites qu'il importe de déterminer.

M. Poisson a démontré, par de savants calculs mathématiques, qu'en nommant :

m le nombre d'un cas,

n le nombre de l'autre cas,

et μ le nombre d'observations,

le rapport B peut varier en plus ou en moins d'une quantité, qui est exprimée par cette formule :

$$2\sqrt{\frac{2\,m\,n}{\mu\,3}}$$

Il résulte que μ élevé à la troisième puissance, servant de diviseur

L'auteur du traité que nous avons déjà cité, M. Gavarret, applique cette formule à différents ré-

à cette quantité, sa valeur sera d'autant plus petite que μ ou le nombre d'observations sera plus grand.

En sorte que si l'on nomme P la véritable probabilité du fait à venir :

$$P = B \text{ ou } \begin{cases} + 2\sqrt{\dfrac{2\,m\,n}{\mu^3}} \\ \\ - 2\sqrt{\dfrac{2\,m\,n}{\mu^3}} \end{cases}$$

Comme il ne suffit pas d'établir un principe, mais qu'il est nécessaire d'en faire sentir le degré d'influence, nous appliquerons la formule à deux exemples.

1er *exemple.* Application de la formule à un petit nombre.

$$m = 30$$
$$n = 70$$
$$\mu = 100$$

Le rapport de 30 à 100 ou B $=$ 0,30

$$\text{Mais } P = B \text{ ou } 0,30 \begin{cases} + 2\sqrt{\dfrac{2\,m\,n}{\mu^3}} \text{ ou } 0,12 \\ \\ - 2\sqrt{\dfrac{2\,m\,n}{\mu^3}} \text{ ou } 0,12 \end{cases}$$

Par conséquent P oscille entre 0,42 et 0,18.

Si donc il était mort 30 malades sur 100, il aurait pu en mourir entre 42 et 18 sur 100; ou ce qui est la même chose, entre 4,200 et 1,800 sur 10,000.

2e *exemple.* Application de la formule à un grand nombre.

$$m = 300000$$
$$n = 700000$$
$$\mu = 1000000$$

$$\begin{aligned} B &= 0,300000; \\ \text{mais } P = B, \text{ ou } 0,300000 \end{aligned} \begin{cases} + 2\sqrt{\dfrac{2\,m\,n}{\mu^3}} \text{ ou } 0,0012 \\ \\ - 2\sqrt{\dfrac{2\,m\,n}{\mu^3}} \text{ ou } 0,0012 \end{cases}$$

sultats statistiques donnés comme très significatifs, et prouve que les uns le sont en effet, mais qu'un grand nombre d'entre eux n'ont aucune valeur. Nous trouverons l'occasion de placer cette critique lorsque nous en serons venus aux applications, et spécialement au sujet de la dysenterie et du choléra.

Une observation à faire relativement à l'application à la médecine de la formule de M. Poisson, c'est qu'il est difficile de trouver un *ensemble invariable* de circonstances possibles, non seulement parce que les individualités maladies diffèrent entre elles, mais aussi parce que les circonstances environnantes changent incessamment. Cependant quant aux vicissitudes atmosphériques, comme le retour des mêmes saisons amène, en général, aussi le retour des mêmes phénomènes météorologiques, lorsque l'observation est prolongée plusieurs années, ces vicis-

Par conséquent P oscille entre 0,3012 et 0,2988.

Si donc il était mort 300,000 malades sur 1,000,000, il aurait pu en mourir entre 2,988 et 3,012 sur 10,000.

On voit que la différence était considérable dans le premier cas, de 18 à 42, tandis qu'elle est de peu d'importance dans le second, de 29 à 30.

Il faut remarquer que pour arriver à cette formule simple, et ne contenant que des nombres observés, M. Poisson a été obligé de ubstituer à la certitude, dont l'existence suppose des nombres infinis, un certain degré de probabilité suffisante; par exemple, il a mis, au lieu de la certitude, le cas où il y a 212 à parier contre un, qu'un fait arrivera. Ainsi, notre formule veut dire qu'il y a 212 à parier contre un que la valeur de P se renfermera entre les deux limites assignées.

situdes se compensent mutuellement. L'influence des lieux n'est pas moins grande et doit toujours être prise en considération ; elle peut constituer, comme les variations atmosphériques extraordinaires, des causes de perturbation dont nous avons recommandé de tenir toujours compte. L'âge, le sexe, le tempérament , les habitudes antérieures, etc. , etc., sont autant de circonstances qui font varier la valeur de l'unité morbide ; et quand il s'agira de comparer des séries d'observations, il faudra voir si ces circonstances ne constituent pas des *causes perturbatrices.*

Cette formule, quelle que soit l'importance de son application en médecine, me paraît insuffisante dans certains cas, où cependant il est permis de tirer quelques inductions légitimes de nombres proportionnels peu élevés. Je suppose qu'il soit résulté de l'application de cette formule qu'une moyenne quelconque a des limites d'oscillation si éloignées, que sa valeur, comme signe de la fréquence d'un phénomène ou d'un événement à venir, soit pour ainsi dire nulle ; il n'en résulte pas pour cela que les faits qui ont servi de base au calcul soient sans importance réelle ; nous pensons même qu'ils pourront avoir une signification très expressive. Expliquons-nous.

Supposons que l'on ait à sa disposition plusieurs moyennes, tirées de plusieurs séries peu nombreuses d'observations considérées comme comparables et de même nature : ou bien ces moyennes différeront beaucoup les unes des autres, ou elles différeront peu ; dans le premier cas il n'y aura pas de conclusion à tirer de ces moyennes si différentes, quoique relatives à la même maladie, dans les même circonstances et traitée de la même manière, car cette différence extrême sera l'indice de grandes oscillations dans les résultats, oscillations qui, par conséquent, ne pourront se compenser qu'avec le temps, et par l'accumulation d'un grand nombre de faits. Que si, au contraire, ces moyennes diffèrent peu les unes des autres ; si, pendant une succession de temps assez prolongé, bien que le nombre des observations soit peu élevé, cependant ces différences persistent à être faibles, ce sera l'indice présumable de l'existence d'une loi qui se manifeste à peu près toujours la même, à travers des oscillations qui ne sont pas assez fortes pour le cacher.

Supposons qu'on n'ait qu'une série d'observations. Il faudrait alors fractionner la statistique, faire comme une statistique de statistique, et l'on arriverait à trouver la valeur du résultat d'un petit nombre d'observations. S'il s'agissait, par exemple, de 300 malades observés en 6 ans ; que les maladies et les années fussent analogues et comparables ; je partagerais ce nombre de 300 en fractions de 50, correspondantes, je suppose, à chacune des 6 années, et je chercherais la moyenne de mortalité pendant chaque année. Eh bien, si cette moyenne de mortalité différait peu dans chacune de ces 6 années, j'en conclurais que la valeur de la moyenne totale serait très grande, car cette persistance dans des résultats successifs' révèlerait une loi.

Je ne veux pas finir cet examen de la nature et du nombre des faits sans citer, à cet égard, les opinions de M. le professeur Andral, telles du moins que je les trouve consignées dans l'analyse d'une de ses leçons de pathologie générale.

« J'établis qu'il y a des faits qui, au moyen de l'analyse, peuvent être comparés, et qui, par conséquent, peuvent être comptés de manière à ce que l'on arrive à des résultats acceptables pour la science. Mais, à côté de ces faits, il en est d'autres qui, dans l'état actuel de nos connaissances, présentent une telle complication, que leurs circonstances variables, mobiles, fugitives, délicates, ne sont plus semblables. Dans chacun de ces faits que l'on observe, on ne peut plus comparer ni compter. On met en regard des faits discordants, et on arrive à des résultats déplorables. Mais, dira-t-on, au milieu des circonstances mobiles, changeantes d'un fait, n'y en a-t-il pas de constantes? Si on recueille énormément de faits, les circonstances changeantes deviennent accessoires, les principales restent les mêmes. Oui, alors la méthode numérique peut rendre des services; mais à la condition de compter par centaines, par milliers de faits. » (*Gazette des médecins praticiens*, n° 48.)

Les craintes très légitimes exprimées ici par M. Andral sur la valeur des faits pris comme unités, font voir de quelle importance il est d'établir d'abord un diagnostic bien précis; puis la nécessité d'avoir un *criterium* pour juger si le nombre de faits est suffisant. Or, je pense que nous avons résolu ces deux difficultés.

M. Andral agite ensuite la question des minorités; mais comme elle rentre entièrement dans la thérapeutique, nous la retrouverons plus tard.

Il est encore une condition indispensable pour que des résultats statistiques inspirent de la confiance, c'est la moralité de l'observateur, sa bonne foi, ce sont ses lumières ; sa bonne foi, car il n'est pas sans exemple que des faits aient été inventés ou falsifiés; ses lumières, car tout homme n'a pas qualité pour affirmer la valeur d'un fait, et il en est plus d'un à qui on pourrait dire avec Bordeu : « De quel droit avez-vous vu? De quel droit croyez-vous avoir vu? Qui vous a dit que vous aviez vu? »

En résumé, jusqu'à présent et en restant dans les généralités, la seule véritable objection que l'on puisse adresser à la statistique médicale, c'est la difficulté du calcul dans les cas les plus complexes; objection qui n'en est pas une, puisqu'elle s'applique encore avec plus de force à l'observation sans calcul. Il est bien entendu et accepté, ce nous semble, qu'il est permis de considérer les faits comme des unités conventionnelles, ainsi qu'on l'a toujours fait d'ailleurs, et de les compter; mais qu'il faut de plus, pour en déterminer la nature, fixer encore par les chiffres et le nombre des éléments de ces unités et leurs proportions, opération difficile où le calcul vient en aide à la mémoire. Enfin, de tous ces nombres on déduit une moyenne qui fixe dans l'esprit soit la fréquence d'un phénomène, soit la probabilité d'une chance à venir. Mais la fréquence d'un phénomène, soit maladie, soit symptôme dans telles et telles circonstances, donne la mesure de sa valeur, et sa valeur, c'est sa place et son importance en pathologie. Quant à la probabilité d'une chance à venir, c'est le problème le plus important de la thérapeutique, c'est cette probabilité seule qui en constitue la loi.

Peut-être nous accordera-t-on toutes ces vérités, se réservant une objection que l'on croit accablante. Oui, dira-t-on, nous voulons bien que votre statistique vous aide à arriver à des moyennes, à des lois générales, à des probabilités d'avenir, mais jamais elle n'éclairera votre diagnostic dans un cas donné; jamais, au lit du malade, elle ne résoudra l'incertitude de l'indication.

Quand il en serait ainsi, faudrait-il pour cela oublier les services qu'elle vous a rendus en pathologie et en thérapeutique?

Il est vrai que la statistique donne des résultats applicables à des ensembles de faits, et non pas à tel ou tel fait particulier; cependant, par cela seul qu'elle fixe d'un côté une majorité, de l'autre une minorité, elle éveille notre attention sur cette différence, et nous engage à en chercher la raison par une observation minutieuse; à en chercher la raison? c'est-à-dire à partager en deux ou plusieurs séries les unités que nous avions réunies; à déterminer encore le nombre de chacune des séries et leurs proportions relatives pour en déduire une probabilité.

Je dirai encore que la méthode numérique en particulier s'applique à chaque cas spécial et sert à l'analyser.

Enfin, quelque restreint que soit le nombre d'observations exactement recueillies, cette collection est précieuse pour la science, et possède le double avantage d'offrir un modèle aux médecins et d'apporter son contingent de matériaux dans l'édifice de la statistique médicale.

Dans la chaire qui se dispute aujourd'hui, la statistique ne serait point une nouveauté; elle y a plus d'une fois payé son tribut à la pathologie, et s'y est vue d'autant mieux accueillie qu'elle s'y présentait avec cette sage réserve qu'apporte toujours le professeur dans ses discours, alors surtout qu'il est question de choses nouvelles. Elle est devenue nécessaire de nos jours dans l'enseignement, et l'on tenterait vainement de s'en dispenser ou de la passer sous silence; elle est désormais trop forte et trop puissante pour craindre le dédain ou l'oubli; il ne s'agit pas de la rejeter ou de l'admettre, il s'agit d'en régler l'emploi, et d'éviter ainsi les erreurs dont un usage mal entendu l'a déjà plus d'une fois rendue coupable, ou du moins responsable.

L'homme habitué à décomposer par l'analyse numérique les faits qui s'offrent à lui, apportera dans l'examen du cas présent une exactitude, une minutie telles, qu'il parviendra plus facilement à en

saisir les caractères fondamentaux, et par conséquent à en connaître la nature et à en déterminer
le traitement. Il est bien entendu que la facilité la
plus merveilleuse dans les procédés de la méthode
numérique et du calcul des proportions et des probabilités, loin de dispenser de l'habileté à observer,
la suppose au contraire et l'exige ; le rôle de la statistique est de seconder l'observation et l'induction,
et non pas de les remplacer.

Ainsi, dans la pratique comme dans la science, la
statistique a des droits de bourgeoisie bien acquis ;
mais là ne sont pas bornés les services qu'elle peut
rendre. Avec quelque soin que j'aie suivi les discus-
sions soulevées à l'occasion de la statistique, je n'ai
vu nulle part signalées son utilité et son importance
dans l'enseignement. Expliquons-nous : il ne s'agit
pas de substituer ici la statistique des maladies à leur
description. Le professeur qu'entraînerait une telle
erreur de jugement ne saurait se promettre l'intérêt
et l'attention d'un auditoire.

Qu'on se rappelle les principes que nous avons
posés relativement à la nature et au nombre des faits,
et il sera difficile d'abuser de la statistique. D'ailleurs,
les détails dans lesquels nous allons entrer dans la
deuxième partie serviront à guider dans l'application.

DEUXIÈME PARTIE.

PREMIÈRE SECTION.

—

De la Statistique appliquée à la Pathologie.

La pathologie est la science qui apprend à connaître les maladies ; or, pour connaître les maladies, il faut en faire l'histoire, c'est-à-dire les prendre à leur naissance, les suivre dans leur développement, et voir comment elles finissent. Toute science qui n'est pas de l'histoire, qui n'est pas l'histoire des phénomènes qu'il s'agit d'étudier, est fausse, arbitraire ou confuse. Ces considérations, que nous ne pouvons qu'indiquer en passant et dont le développement exigerait de l'espace et du loisir, nous conduiraient, dans le sujet que nous avons à traiter, à rechercher les applications de la statistique à l'étude des causes des maladies, de leurs symptômes, de leur durée, et des altérations cadavériques qu'elles entraînent. Trop souvent, on pourrait dire presque toujours, l'étude des causes des maladies a été faite avec des idées préconçues. Induit en erreur par l'exemple des maladies traumatiques et des empoisonnements, on a trop cherché généralement à faire sortir chaque maladie de l'action d'une cause unique.

Il y a, je crois, ici une question grave, et la statistique convenablement maniée amènera peut-être des résultats inattendus. Qu'il nous soit permis de rappeler ce que nous écrivions sur ce point, il y a deux ans, dans une brochure imprimée sous le titre de : *Plan d'un cours d'hygiène.*

«Rarement l'homme tombe-t-il tout-à-coup frappé par une cause violente. Sa puissante organisation échappe sans cesse à des atteintes continuellement répétées. Mille fois penché sur le bord de l'abîme, il se relève mille fois; c'est à peine s'il vit deux instants de suite sans avoir à triompher d'une cause de maladie, d'une menace de destruction. Quelle n'est donc pas l'erreur du médecin qui, voyant une maladie, cherche sa cause! Sa cause, comme si cette affection n'avait pas été précédée de l'action de mille causes diverses, comme si l'organisme n'avait pas long-temps oscillé avant de fléchir tout-à-fait.

« Que l'on cesse de chercher une cause à mettre en face d'une maladie. Plusieurs causes peuvent produire la même maladie, plusieurs maladies peuvent résulter d'une même cause ; et parmi les innombrables influences au milieu desquelles l'homme vient naître, vivre et mourir, ce n'est presque jamais une seule cause qu'il faut accuser, c'est un grand nombre de causes. Que les médecins cherchent donc, non plus la cause d'une maladie, mais les circonstances qui favorisent son explosion, les conditions appréciables de son développement. Alors il seront dans le vrai; alors, si quelques uns d'entre eux nient, par exemple, que l'inflammation puisse être cause de tubercules, du moins admettront-ils tous que c'est une condition qui en favorise et en accé-lère le développement; puis ils chercheront les au-tres conditions, et à mesure qu'ils en constateront de nouvelles, ils s'empresseront de les écarter s'il est possible, ou de les combattre si on ne peut les éviter. Cette manière d'envisager toute question d'étiologie éloigne l'influence de toute idée préconçue, et permet d'enregistrer avec ordre toutes les con-naissances médicales à mesure qu'elles sont acquises.

»L'observation des conditions du maintien et du dérangement de la santé suivant ces principes, qui sont ceux des sciences physiques, est, si je ne me trompe, un des services les plus éminents que l'hy-giène puisse rendre à la médecine.»

L'étiologie est un des points de la pathologie aux-quels la statistique a fourni le plus ample contin-gent. C'est à MM. Benoiston de Châteauneuf, Lom-bard, Villermé, Parent Duchâtelet, Casper, Moser, Hawkins, Ch. Bœrsch, Sadler, etc., que nous devons les travaux les plus importants sur ce sujet dans ce qu'ils ont écrit sur l'hygiène des différentes condi-tions; viennent ensuite les ouvrages de différents pathologistes que nous trouverons sans doute l'oc-casion de citer.

Quant à la symptomatologie, si M. Louis n'y a pas importé la statistique, il est du moins celui qui a poussé jusqu'aux plus minutieux détails l'analyse nu-mérique, premier élément de la statistique. Bien avant lui, on trouve dans les principaux ouvrages modernes, dans plusieurs monographies, dans les relations d'épidémies de fièvre jaune (1), etc., une sorte d'inventaire des symptômes à la suite des observations particulières; mais ces pathologistes n'ont pas porté cette analyse aussi loin que l'ont fait depuis MM. Bouillaud, Andral, Rayer, Bricheteau, Blaud, etc., etc.

Les mêmes pathologistes ont aussi cherché à fixer, par la statistique, la durée moyenne des maladies, et se sont appliqués à mettre, par le même moyen, les altérations cadavériques en rapport avec les symptômes.

Nous aurions voulu, suivant ici l'ordre nosologique, examiner successivement les applications qui en ont été tentées dans les différentes maladies; mais ce travail dépasse les limites obligées d'une dissertation improvisée. Bornons-nous à choisir quelques exemples à l'aide desquels nous tâcherons de montrer dans quels cas la statistique a fourni des résultats importants, et dans quels autres elle a donné comme des lois des résultats très contestables, et qui manquent aux conditions exigées par les règles d'une bonne et sincère statistique.

Cependant nous ne négligerons pas, quand cela nous paraîtra nécessaire pour l'éclaircissement de notre sujet, de citer des résultats statistiques qui nous

(1) Voyez Bally, *du Typhus d'Amérique*; Paris, 1814; ouvrage où nous trouvons, entre autres renseignements statistiques, qu'en 1802 il est mort à Saint-Domingue 20,000 soldats de la fièvre jaune sur 40,000 qui étaient passés dans cette île, ou la moitié; et qu'en Espagne, dans les villes ou régna ce fléau, à la même époque, il périt 53,414 habitants sur 451,720, ou 118e environ.

sembleront intéressants bien que nous ne soyons pas sûr de leur valeur, étant dans l'impossibilité de les faire passer tous sous le joug de la formule.

Avant d'arriver aux applications particulières, il convient d'indiquer les principales questions qu'on pourrait adresser en pathologie à la statistique. Il y aurait deux ordres de problèmes :

1º Quelle est la valeur de la différence obtenue dans les résultats de la comparaison de deux ou plusieurs séries d'observations relatives à la mortalité ou à la fréquence des maladies, de leurs causes, de tels ou tels symptômes? Quelle est cette valeur, relativement à la durée des maladies, aux lésions cadavériques?

En d'autres termes, cette différence indique-t-elle un changement important dans la nature des faits, ou une perturbation notable dans les circonstances qui les ont accompagnés, quel que soit ce changement, quelle que soit cette perturbation, qui restent jusqu'ici inconnus.

2° Quelles sont, d'après les observations du passé, les chances du nombre des malades ou des morts, relativement aux individus sains, dans tel pays, telle contrée, telle ville, telle réunion d'hommes?

Quelles sont les chances de fréquence de telle maladie en particulier, relativement à telle autre ou à toutes les autres?

Quelles sont les chances de fréquence de tel symptôme, de telle altération cadavérique, relativement aux autres symptômes, aux autres altérations cadavériques?

Quelles sont les chances de durée de telle maladie ou de tel symptôme?

Il importe de ne pas oublier qu'il s'agit toujours de chercher ces chances, d'après le calcul des événements passés, et dans des circonstances semblables ou qui peuvent être considérées comme semblables.

Or, pour que les résultats de l'application de la statistique aient quelque valeur, il faut d'abord que l'ensemble des causes possibles inconnues reste le même; il faut ensuite que le nombre des observations soit assez grand pour que l'on sache si la différence obtenue dans les résultats dépasse la limite des oscillations déterminée par la formule de M. Poisson. Cependant les observations pourront être peu nombreuses et donner des résultats significatifs, comme nous le prouverons plus bas.

Avouons-le, jusqu'ici la statistique, dans ses applications à la médecine, ne s'est point assez occupée de satisfaire aux exigences des lois mêmes de cette méthode.

Nous allons donner quelques exemples de cette application, nous bornant à ceux qui ont excité le plus vivement l'attention, soit que leur valeur fût contestée, soit qu'elle emportât au contraire la conviction avec elle.

Nous trouvons dans l'ouvrage intitulé : *Statistical report on the sickness, mortality and invaliding among the troops in the West Indies (London, 1838)*, des résultats généraux fort intéressants sur la différence de mortalité dans les Indes occidentales pendant deux longues séries d'années. Ainsi il est mort, dans la partie de ces îles désignée sous le nom de *Windward* et *Leeward Command*, qui comprend la Guiane anglaise, les îles de la Trinité, de Grenade, des Barbades, de Sainte-Lucie, de la Dominique, etc., etc., de 1803 à 1816, 13,028 individus sur un effectif de 93,738 hommes, ou de 1 sur 7,12; elle a été, de 1817 à 1836, de 6,803 sur 86,661, ou de 1 sur 12,73. Cette différence est si tranchée et obtenue sur un si grand nombre d'individus, qu'elle est significative.

Pour trouver les chances de mortalité à venir, il faut, après avoir cherché, d'après les deux séries de chiffres réunies, la chance moyenne à venir abstraite et absolue par les procédés connus et si bien exposés par M. Fourier, puis appliquer à ces séries de chiffres la formule de M. Poisson. On trouverait la limite des oscillations de cette moyenne.

En comparant, par ce procédé, les deux moyennes de mortalité, on trouve que celle de la première série (de 1803 à 1816) est réellement très inférieure à celle de la seconde série (de 1817 à 1836), car voici les limites des oscillations dans le premier cas : de 0,142175 à 0,135784, limites beaucoup plus étendues que celles du second cas, qui sont : de 0,081103 à 0,075934, limites dont le minimum du premier exemple ne s'abaisse pas jusqu'au maximum du second; d'où il résulte que la mortalité des vingt dernières années ne pouvait jamais s'élever jusqu'à celle des vingt premières, ni, réciproquement, celle-ci s'abaisser jusqu'à l'autre.

Chercherons-nous maintenant non seulement la moyenne de mortalité à venir, mais les limites d'oscillations, nous verrons qu'ayant été, d'après les vingt dernières années 0,078519, il n'y aura à y ajouter et à en retrancher que la très minime fraction 0,002584, d'où une oscillation possible entre une mortalité de 0,081103 et une de 0,075934; c'est-à-dire qu'il ne mourra pas plus ni moins de 7 à 8 individus sur 100.

Pour utiliser ces documents en pathologie, il faudrait rechercher quelles sont les maladies et les influences qui ont prédominé dans chacune de ces séries, et quelle a été la mortalité particulière de chaque maladie. Or, je ne trouve pas dans l'ouvrage anglais l'indication des espèces de maladies pendant la première période ; mais elle se rencontre dans la comparaison des maladies des pays indiqués ci-dessus (de 1817 à 1836) avec celle des maladies de la Jamaïque; ainsi, sur 86,661 hommes, dans le premier commandement, il y a eu 62,163 malades atteints de fièvre (il faut entendre ici par *fever* les fièvres essentielles des anciens nosographes, les fièvres intermittentes et rémittentes, la fièvre jaune, le typhus, etc.) et à la Jamaïque 46,422 sur 50,414.

Là encore peuvent se poser les deux ordres de questions indiquées : 1° quelle est la valeur de la différence de fréquence entre les fièvres du premier commandement et celle de la Jamaïque? La valeur de cette différence est très grande; elle indique une cause de ces fièvres beaucoup plus puissante à la Jamaïque que dans les autres îles des Indes occidenales; la moyenne est, en effet, pour ce dernier pays 0,499999, ou environ 0,49 ou 49 sur 100, tandis qu'elle est de 0,920810, ou environ 0,92 ou 92 sur 100 dans le premier ; de plus, les limites de l'oscillation sont, pour la Jamaïque, entre 0,924211 et 0,917484 ; pour les autres îles, entre 0,505316 et 0,495663 ; d'où il résulte que jamais le minimum de la Jamaïque ne s'abaissera jusqu'au maximum des autres îles ; que jamais le nombre de fièvres des îles du premier commandement n'égalera celui des fièvres de la Jamaïque, à moins de causes perturbatrices extraordinaires. 2° Quelles sont les chances à venir du nombre de fièvres dans chacune des deux contrées? Les chances d'avenir sont que les moyennes resteront les mêmes ou ne changeront pas sensiblement.

Une des applications les plus évidemment utiles de la statistique est celle qu'on en a faite aux épidémies.

M. Rayer arrive aux conclusions suivantes dans son *Histoire de l'Épidémie de suette miliaire*, p. 339. « La mortalité des communes infectées dans le département de l'Oise, s'est élevée en 1821 à 574 individus. Comparé à celui des années précédentes, et en égard à l'augmentation progressive de la population, et nécessairement de la mortalité, ce résultat prouve que, malgré l'épidémie, la mortalité n'a pas dépassé les bornes qu'elle aurait dû atteindre, en supposant que l'année 1821 eût été soumise aux mêmes chances et aux mêmes influences que les années précédentes. Les conditions particulières auxquelles est dû le développement d'une épidémie et qui précèdent son apparition, l'existence de l'épidémie elle-même, les conditions sanitaires qui la suivent, sont-elles de nature à prévenir les maladies mortelles ou leur terminaison par la mort? Sous le rapport de la population, ou plutôt sous celui de la mortalité annuelle, les années frappées d'épidémie ne diffèrent-elles des années ordinaires qu'en ce que la mortalité n'est pas répartie avec la même uniformité entre les mois et les différents jours de l'année? Sans doute, il est des épidémies désastreuses qui ont pour ainsi dire dépeuplé momentanément des points du globe; mais je reste persuadé qu'une étude suivie d'un grand nombre d'épidémies, sous le rapport de leur influence sur la mortalité annuelle, démontrerait des vérités tristes sans doute, mais toujours utiles à connaître. Dans deux périodes égales de temps, étudiées comparativement, le mouvement de la mortalité peut se ralentir ou s'accélérer à diverses époques, dans chacune d'elles, sans modifier les résultats généraux, presque toujours uniformes. »

Ce fait remarquable de non-augmentation dans la mortalité totale, malgré l'épidémie de *Suette miliaire*, aurait-il été constaté sans statistique? non certainement. C'est encore à elle que l'on doit les résultats si remarquables obtenus par M. Villermé sur le même sujet. « Les épidémies ne diminuent point, *communément,* dit-il, si ce n'est d'une manière très passagère, la population des pays qu'elles ravagent.... Mais si une épidémie beaucoup plus intense, beaucoup plus funeste que d'ordinaire, si une épidémie inaccoutumée dans les lieux où elle se montre,

ou bien une guerre violente vient tout-à-coup en-
lever une portion très considérable des habitants
d'un pays, il se fait un vide sensible dans la population, et, immédiatement après, on remarque, proportion gardée, parmi ceux qui restent, une quantité extraordinaire de mariages et de naissances. C'est
à tel point que des unions, qui n'ont pas été rompues
et dont on n'attendait plus d'enfants, redeviennent
fécondes. Enfin, non seulement le nombre annuel
des morts, mais encore leur *proportion* diminue tout
comme si véritablement les hommes étaient plus viva-
ces ou moins sujets à mourir.»(*Ann.d'hyg*. t. IX,p.45.)
Ce fait de la diminution de la mortalité dans l'année
ou les années qui suivent les épidémies, est confirmé
par les recherches laborieuses de M. Ch. Bœrsch sur
la *Mortalité à Strasbourg*.

M. Villermé, après avoir rapporté un tableau de
113 années divisées en sept séries, où les mois sont
rangés suivant leur *maximum* de mortalité, ajoute:
« Il résulte de ce tableau que par l'effet de la diminution progressive des épidémies qui désolaient si souvent Paris jadis à la fin des étés, l'époque annuelle
du *maximum* de la mortalité dans cette ville a été
déplacée. Pendant les années du xviie siècle pour
lesquelles on a des renseignements, ce *maximum* tom-
bait en automne, et maintenant c'est au printemps.
Jadis le *minimum* s'observait au commencement
de l'été, et de nos jours c'est un peu plus tard. » (*Annales d'hygiène*, t. IX, p. 19.)

« C'est en été, dit-il encore d'après de nombreux

documents, que règnent principalement les épidémies de petites-véroles, de rougeoles, d'ophthalmies,
et pendant l'hiver que ces maladies attaquent le
moins de personnes ; que les bronchites, les rhumes
ou catarrhes pulmonaires et les fluxions de poitrine
sont rares pendant la saison chaude, et fréquents,
même souvent épidémiques pendant les froids, surtout quand ceux-ci sont humides. » Résultat numérique qui vient en preuve de l'observation générale
et la confirme. Ce son encore les chiffres qui rendent
incontestable cette proposition : « Que les épidémies
qui frappent particulièrement les deux extrêmes de la
vie sont,toute proportion gardée,les plus meurtrières.»

Ces exemples suffisent pour démontrer l'utilité de
la statistique appliquée à l'étude des maladies qui
s'observent sur de grandes réunions d'hommes ou
des populations.

Les données que nous venons de produire se
rattachent plus, il est vrai, à la pathologie générale
qu'à la pathologie spéciale ; mais le domaine de la
première nous serait-il interdit à l'occasion de cette
thèse, quand bon nombre de questions posées par le
jury en sont extraites, et n'est-ce point comprendre
un sujet que de l'accepter dans toute sa latitude ?

Quoi de plus propre à éclairer la question de la
disposition plus ou moins grande aux maladies que
les recherches de MM. Villermé, Milne Edward, Quetelet et Lombard ?

Il résulte, en effet, des recherches entreprises par
les deux premiers, d'après les tableaux de la mortalité

des enfants nouveau-nés, considérés mois par mois dans chacun des départements, en 1818 et 1819 (*Annale d'hyg.*, t. II.) : 1º que le froid tend à accroître beaucoup les chances de mort pendant le premier âge de la vie ; 2º que la continuité d'une température très élevée exerce une influence analogue, quoique moins marquée, et 3º que c'est une chaleur douce, mais non excessive, qui est l'état thermométrique le plus favorable à l'entretien de la vie des nouveaux-nés. Les deux mémoires de MM. Lombard de Genève et Quetelet sur l'*Influence des saisons sur la mortalité à différents âges*, composés, le premier d'après 17,624, le second d'après 400,000 décès, observés pendant une période de cinq années, confirment ces résultats généraux, avec cette différence que, dans le courant du premier mois, le *maximum* de mortalité secondaire des chaleurs, ou du mois d'août, ne se ferait pas sentir, serait même remplacé par un *minimum*. Il est constant encore qu'après l'enfance c'est la vieillesse qui souffre le plus du froid. Les recherches consciencieuses de M. le docteur Patin, de Troyes, viennent confirmer ces propositions (1).

Rapprochons des preuves de cette action fâcheuse du froid d'abord, puis des fortes chaleurs, sur les enfants, des preuves positives aussi de cette in-

(1) Nous maintenons l'observation que nous avons adressée à M. Patin dans notre ouvrage (*Hygiène morale*, ou *Application de la physiologie à la morale et à l'éducation*, Paris, 1837, in-8º) sur ses conclusions, qui sont en opposition avec les documents qu'il fournit.

fluence fatale sur les vieillards. C'est le mémoire de M. Prus (1) qui nous les fournit dans le tableau ci-dessous :

	MORTS.	GUÉRIS.	TOTAL.
Octobre 1832,	6	15	21
Novembre,	10	19	29
Décembre,	6	19	25
Janvier 1833,	26	14	40
Février,	8	19	27
Mars,	11	26	37
Avril,	11	29	40
Mai,	9	19	28
Juin,	10	27	37.
Juillet,	11	15	26
Août,	11	13	24
Septembre,	6	15	21
Totaux	125	230	355

Or, il s'agit ici de 355 vieillards, âgés de plus de 60 ans, traités à Bicêtre par l'auteur. Pour reconnaître d'après ces données l'influence des différentes saisons sur les vieillards, il faut ranger les mois : 1° d'après le plus grand nombre de malades; 2° d'après le plus grand nombre de morts ; 3 mais surtout d'après la proportion des morts à la totalité des malades.

1re CATÉGORIE.		2e CATÉGORIE.		3e CATÉGORIE.		
						Mortalité.
Janvier, Avril,	} 40 malad.	Janvier,	26 morts.	Janvier,	1 sur	1,5
Mars, Juin,	} 37	Mars, Avril, Juillet, Août,	} 11	Août,	1	2,1
Novembre,	29			Juillet,	1	2,3
Avril,	28	Novemb., Juin,	} 10	Novembre,	1	2,9
Février,	27	Mai,	9	Mai,	1	3,1
Juillet,	26	Février,	8	Février, Mars,	} 1	3,3
Décembre,	25	Octobre,		Octobre, Septembre,	} 1	3,5
Août,	24	Décembre, Septembre,	} 6	Avril,	1	3,6
Octobre, Septembr.	} 21			Juin,	1	3,7
				Décembre,	1	4,1

(1) *Mémoires de l'Académie royale de médecine*, Paris, 1840, t. VIII, p. 1 et suiv.

Mortalité moyenne, 1 sur 2,8.

Certainement ces chiffres ne sont point assez nombreux pour donner une moyenne peu variable; mais ils constituent déjà un élément important pour la solution de la question que nous agitons ici.

Un tableau fort peu connu, et cependant du plus haut intérêt quant à cette question de la susceptibilité aux maladies suivant les âges, est celui de Ballingall.

Après avoir insisté, dans son ouvrage intitulé : *Practical observations on fever, dysentery and liver complaints amongst the European troops in India* (2e édit. Édimb., 1833) sur la nécessité de n'envoyer dans l'Inde que des hommes déjà formés, et jamais des jeunes gens au-dessous de 25 ans, Ballingall ajoute :

« En avril 1807, le 2e bataillon de royal-écossais, consistant en 1,000 hommes, s'embarqua pour les Indes orientales, et avant 5 ans, 390 avaient succombé au climat, et 107 étaient devenus impropres au service. » Il attribue cette mortalité plus qu'ordinaire à ce qu'il y avait dans ce régiment beaucoup de jeunes gens. Dans la première année du séjour dans l'Inde, en effet, sur 206 décès, 160, ou près des 3/4, appartiennent à des individus âgés de moins de 25 ans. Dans les six années suivantes, l'acclimatement étant opéré, de 333 décès, 266, ou environ les 4/5 seulement appartiennent à des sujets âgés de moins de 25 ans. En cinq mois de 1814, une grande mortalité s'établit dans une compagnie; de 43 hommes qui succombèrent, 37, ou environ les 6/7, étaient au-dessous de 25 ans. Sur 539 décès, il y a eu 426, ou les 4/5, au-dessous de 25 ans. Toutefois il faut tenir compte de cette circonstance, que les 2/3 des hommes du régiment avaient moins de 25 ans.

Nous ferons observer que, dans les Indes occidentales, d'après le *Statistical report*, c'est principalement sur les hommes avancés en âge et résidant depuis long-temps dans ce pays, qu'on a remarqué un accroissement de mortalité; et ce document est d'autant plus grave qu'il porte sur une armée nombreuse de blancs et de noirs observés de 1817 à 1836, armée qui a fourni une moyenne annuelle de 9,860 hommes par an (total 197,204), et de 15,323 malades (total 306,472 admissions à l'hôpital pendant les vingt ans).

M. Benoiston de Châteauneuf nous fournit un document bien important relatif à l'influence des saisons sur les diverses maladies; c'est un *tableau*, par mois et par saisons, des principales maladies, soit aiguës, soit chroniques, qui ont eu lieu dans l'armée française pendant les années 1820 à 1826. Ces chiffres, qui s'élèvent à 4,915, parlent très haut. On y voit, dit l'auteur, la constitution médicale de l'année varier avec le cours des saisons, et les maladies qu'elles font naître, régner et disparaître avec elles (1); les fièvres éruptives, les phlegmasies

_____

(1) Je regrette que les circonstances ne m'aient pas permis d'achever le *Tableau des maladies* que j'ai eues à traiter depuis dix ans, et

éclater en hiver, continuer encore pendant le printemps, et disparaître pendant l'été et l'automne; les fièvres typhoïdes, les désordres du canal digestif se manifester au contraire pendant ces dernières saisons, et ralentir leurs progrès quand l'année recommence (1).

D'ailleurs ce fait est confirmé par M. Thévenot pour le Sénégal, en ce qui concerne du moins la fâcheuse influence du séjour dans ce pays, où les hommes sont d'autant plus malades qu'ils résident depuis plus long-temps (2).

Pour la question de la prédominance des diverses maladies suivant les mois et les saisons, on consultera avec fruit les treize tableaux publiés par Hawkins, tableaux qui représentent l'état trimestriel des malades du dispensaire d'Édimbourg de 1821 à 1824, et concordent assez avec ceux de M. Benoiston de Châteauneuf. Le même auteur a rassemblé dans son excellent ouvrage beaucoup de détails sur la mortalité de différentes maladies dans les différentes villes de l'Europe. L'un des plus intéressants tableaux cités est celui qu'il extrait du *Statistical office* de Prusse, et qui donne la mortalité proportionnelle de différentes maladies sur les deux sexes isolés, puis

qui roulent sur plus de 12,000 malades; ils auraient peut-être ajouté quelque chose aux connaissances positives que nous possédons sur ce point de pathologie générale.

(1) *Annales d'hyg.*, t. X.

(2) *Traité des maladies des Européens dans les climats chauds,* Paris 1840, p. 225.

réunis, à raison de 10,000 individus, et d'autres analogues pour la France, les États-Unis, l'Irlande, les Indes occidentales et l'Angleterre. La comparaison de ces relevés serait du plus haut intérêt, car les cas sont nombreux.

Le docteur Ballingall nous offre un tableau analogue où se trouvent mentionnés les décès suivant le genre de maladie, distribués par mois et comprenant un espace de six années (de 1808 à 1813). Le dépouillement des registres de l'hôpital de Madras, qui porte sur 539 cas, donne une idée nette de la prédominance des maladies et de leur mortalité.

Les tableaux détaillés du *Statistical report* sur les maladies des Indes occidentales, de 1817 à 1836, qui comprend 306,471 admissions dans les hôpitaux, seront certainement un jour utilisés par les pathologistes.

Le journal de Philadelphie, *The American journal*, contient, dans son numéro de novembre 1827, un excellent article du docteur Emerson sur la statistique de Philadelphie, où se trouvent, entre autres, deux tableaux des maladies distribuées par années, en rapport avec les âges, relevées d'après 50,600 cas, et s'étendant de 1807 à 1827.

Enfin les *Annales d'hygiène*, qui ont déjà publié un tableau de M. Guerry où sont marquées par les élévations et les abaissements d'une ligne noire les différentes maladies suivant les mois, d'après les registres d'admissions aux hôpitaux de Paris, viennent de faire paraître (tome XXIII, p. 5 et suiv.) un article de M. Marc d'Espine, intitulé : *Essai statis-tique sur la mortalite du canton de Genève*, où les questions que nous venons de soulever sont traitées avec le talent le plus distingué.

L'influence des lieux est analogue à celle des saisons sur le développement des maladies, et ressortirait déjà de la comparaison des tableaux que nous venons d'indiquer. Il ne sera pas sans intérêt d'ajouter à ces matériaux l'extrait d'un ouvrage tout récent relatif à ce sujet; c'est le relevé donné par M. Thévenot des maladies du Sénégal (1). Pendant les six ans d'observation de M. Thévenot, il y a eu au Sénégal, effectif général, 1,623 hommes; 4,619 malades et 237 morts. Chaque homme a, terme moyen, 2 maladies 1/2 par an.

GENRE DE MALADIE.	2 SEMESTRES de 1837-1838.
Fièvres intermittentes simples.	438
— pernicieuses.	12
— rémittentes.	59
— ataxiques.	8
Angines.	3
Bronchites.	17
Pleurésies ou pleuro-pneumonies.	5
Ictère essentiel.	4
Hépatites.	51
Gastro-entérites.	18
Dysenteries.	249
Coliques nerveuses.	46
Syphilis.	12
Gale.	8
Douleurs.	42
Blessures.	

(1) *Traité des maladies des Européens dans les pays chauds.* Paris, 1840, p. 240.

Cherchant ensuite la fréquence de chaque maladie relativement aux autres, M. Thévenot trouve les proportions suivantes :

Fièvres intermittentes et rémittentes.	1 sur 1,800^{mm} malades.	
Dysenteries et diarrhées.	1	3,850
Hépatites primitives seules.	1	30
Hépatites primitives et consécutives à la dysenterie.	1	18,750
Coliques nerveuses.	1	18
Maladies de poitrine (bronchites et pleuro-pneumonies).	1	190
Gastro-entérites.	1	53

Mais le nombre de chaque maladie varie suivant les saisons. « Nous voyons donc, dit M. Thévenot, en résumé les fièvres intermittentes former les 3/4, le 1/7, ou, terme moyen, la moitié de toutes les maladies ; la dysenterie le 1/4, terme moyen, variant de 1/3 à 1/6, etc. Ce sont donc là les maladies les plus essentielles à considérer. » Et plus loin : « Le Sénégal a une fois plus de fièvres intermittentes que Cayenne, qui en offre infiniment plus que Saint-Pierre Martinique. » « L'hépatite est plus fréquente et plus grave au Sénégal que partout ailleurs. Elle y attaque 1 malade sur 30, ou plutôt 1 sur 18, en comprenant celle qui survient dans le cours des dysenteries : à Saint-Pierre, elle ne paraît que 1 fois sur 30, et 1 fois sur 60 à Cayenne. Au contraire, les maladies de poitrine sont plus rares au Sénégal... » On y trouve 1 affection de poitrine grave ou légère sur 42 malades, et à Cayenne 1 sur 9 ; tandis qu'il y a

1 hépatite sur 3o malades dans le premier pays, et 1 sur 6o dans le second.

Si l'influence des lieux est ici évidente sur le développement des maladies, elle ne l'est pas moins sur la mortalité des malades, d'après une foule de documents, et entre autres d'après ceux que nous fournit M. Gasté (1). « De tout ce qui précède, dit-il, il résulte évidemment des chiffres et des faits que dans l'espace de 15 ans, la proportion des guérisons aux décès fut plus favorable à Neufbrisach qu'à Calais, à Calais qu'à La Rochelle, à La Rochelle qu'à Montpellier, à l'exception des cas d'épidémies, ce qui est en raison inverse de la population, de la célébrité de ces villes et des passages militaires. Cette in fluence fâcheuse des grandes villes ressort de calculs établis sur 7589 malades d'un côté et sur 3348 de l'autre ; elle entraîne, par conséquent, une grande force de conviction.

Voilà des matériaux importants pour la pathologie générale, matériaux dont l'emploi sollicitera néanmoins un discernement délicat ; car si les unités sont nombreuses ici, leur nature n'est pas toujours parfaitement déterminée.

D'après ces mêmes documents, on pourra comparer la mortalité civile à la mortalité militaire, et les maladies des troupes avec celles de la population civile. Il ressort à ce sujet, des travaux de M. Benoiston de Châteauneuf, un fait singulier au premier abord,

____

(1) *Du calcul appliqué à la médecine*, Paris, 1838.

c'est que le *maximum* de mortalité de l'armée ne correspond pas à la même époque que le *maximum* de mortalité de la population civile. « De quelque manière que l'on divise l'année, soit par semestre, soit par trimestre ou saisons, l'intensité de la mortalité demeure toujours dans les six derniers mois, et ne passe point dans les six premiers. Ce résultat, entièrement opposé à celui que donne la mortalité civile, dont le *maximum* arrive dans les nuits d'hiver et de printemps, mérite d'être remarqué. » (*Annales d'hygiène*, t. X, p. 274.)

Nous trouvons encore dans le même mémoire une proportion de chiffres intéressante ; c'est celle de 2,352 décès sur un effectif de 120,624 hommes pour l'armée moyenne, ou de 1,94 sur 100, tandis que pour la garde royale, il y avait eu 208 morts sur 13,923, ou 1,47 sur 100. « Ainsi, la garde mourait moins que l'armée ; et, comme dans l'armée, le sous-officier de la garde mourait moins que son soldat, et celui moins, à son tour, que le soldat de l'armée. » Ces résultats statistiques sont conformes à ceux de M. Villermé sur la mortalité dans la classe pauvre, comparée à la mortalité dans la classe riche, sur celle des prisons et des bagnes, et prouvent l'influence heureuse de l'aisance sur la durée de la vie.

Déjà les recherches de MM. Morozzo et Bonino, insérées dans le tome VI des *Annales d'hygiène*, avaient constaté une mortalité excessive dans les troupes sardes, comparativement à la mortalité civile.

Ainsi, comme étiologie générale de toutes les maladies, une statistique fondée sur un très grand nombre de faits nous signale des causes très puissantes dont il faut que nous recherchions l'action dans l'histoire de chaque maladie en particulier.

Les registres tenus par plus de 70 sociétés de secours mutuels de l'Ecosse pendant 10, 20, 40, et même 50 années consécutives, ont fourni les renseignements les plus précieux sur le tribut que l'homme paie aux maladies par an, chez les ouvriers. Pour comprendre le parti que la statistique a tiré de ces observations, il faut lire le mémoire de M. Villermé (*Annales d'hygiène*, tome II), et l'important ouvrage de Ludwig Moser, intitulé : *Die Gesetze der Lebens-dauer* (Berlin, 1839).

C'est sur de telles recherches qu'il faut désormais fonder la pathologie générale, spécialement la partie étiologique, et non plus sur la considération abstraite des causes; c'est là, c'est dans la constatation de la mortalité, suivant les différentes maladies, que la statistique est appelée à rendre les plus éminents services à la médecine, et qu'elle ne peut manquer d'atteindre aux résultats les plus intéressants.

Essayons maintenant quelques applications à la pathologie spéciale.

Une des maladies sur lesquelles s'est le plus exercée la statistique médicale, c'est incontestablement l'entérite typhoïde ou folliculeuse. Voici les résultats encore peu concluants auxquels on est arrivé.

Quant à son étiologie, MM. Louis, Chomel (1) et

(1) J'ai puisé des résultats de M. Chomel dans la rédaction de ses leçons par M. Genest, publiée en 1834.

Bouillaud, déclarent en définitive que les causes de l'affection typhoïde sont inconnues; que relativement à l'âge, le terme moyen, sur 103 malades, est de 21 à 23 ans (Louis); suivant M. Chomel, c'est de 18 à 30 ans (91 faits sur 117), résultat à peu près semblable à celui de M. Bouillaud, sur 50 malades désignés pages 328-330 de sa *Clinique médicale*, puisque le nombre des malades s'y distribue de la manière suivante d'après les âges :

19 ans	6 malades.	15 ans	malade.
17 —	5	25 —	1
21 —	5	28 —	1
22 —	5	30 —	1
23 —	5	32 —	1
20 —	4	33 —	1
27 —	4	38 —	1
18 —	3	46 —	1
24 —	2	68 —	1
26 —	2		

Cependant il est, dans ce résultat, un chiffre qui contrarie une des propositions de M. Louis. M. Lombard de Genève, tirant des conclusions de 43 cas, n'a pas vu cette maladie passé 57 ans; et le plus grand nombre correspondait à l'âge de 20 à 30 ans.

Des malades de M. Louis, presque tous étaient nouvellement arrivés à Paris; cette influence de l'acclimatement, déjà signalée par MM. Petit et Serres, a donc été confirmée par les chiffres de M. Louis. D'après M. Chomel, sur 92, 64 étaient à Paris depuis moins de deux années; les chiffres donnés par

M Bouillaud diffèrent un peu des précédents ; ainsi, sur 5o, il y en a 23 qui étaient à Paris depuis moins de deux ans, 27 (y compris ces derniers) depuis moins d'un an , et 23 depuis plus d'un an. Nous avons remarqué dans les hôpitaux militaires que, par suite des mutations de garnison qui amènent à Paris des régiments nouveaux, la proportion des hommes atteints d'affections typhoïdes augmente d'une manière notable; mais la classe de militaires qui en fournit le plus grand nombre est celle des jeunes soldats, et surtout des nouvelles recrues.

Quant au sexe, un bien moins grand nombre de femmes sont atteintes, suivant MM. Louis, Bouillaud, Chomel, Andral, ce que le premier de ces médecins explique par le peu de migrations de femmes.

Voilà pour ce que l'on désigne sous le nom de *causes occasionnelles*; les causes déterminantes, nous l'avons déjà vu , demeurent inconnues. Sur 115 cas de M. Chomel, 1 seul peut être attribué aux excès alcooliques, 5 à l'insuffisance ou à la mauvaise qualité des aliments; dans le reste, les causes étaient étrangères au canal digestif. Sur les 5o de M. Bouillaud , 4o fois la cause est déclarée inconnue, 7 fois il y a eu des excès de régime, 1 fois une fatigue extrême, 1 fois mauvaise nourriture, 1 fois sueur rentrée.

La statistique a-t-elle prouvé que les saisons eussent une influence positive? Je n'ai rien trouvé de satisfaisant à cet égard, car les observations de M. Lombard (1), d'après lesquelles le *maximum* de

(1) Voyez *Gazette médicale* du 2 mars 1839.

ces maladies aurait lieu en automne, et le *minimum* au printemps, ne sont pas suffisantes. Cependant il résulte des différents rapports trimestriels que j'ai adressés au médecin en chef du Val-de-Grâce, et dont plusieurs ont été publiés, que les observations du médecin de Genève seraient fondées. Voici encore les proportions établies par M. Guerry, qui a rangé les mois d'après le nombre des admissions aux hôpitaux ; faisant ce relevé pour huit ans, il a trouvé que, pour les phlegmasies internes (qui comprennent les affections typhoïdes, et non les catarrhes, ni les fluxions de poitrine, ni les phthisies, ni la diarrhée), les mois se rangent, en commençant par ceux qui indiquent le plus d'admissions, de la manière suivante : octobre, mai, aout, avril, juin,-, décembre, juillet, janvier, mars, septembre, novembre, février. Ici le nombre des observations est très grand, mais la nature des unités ne me paraît pas suffisamment déterminée, pour qu'on puisse en faire une application utile à notre sujet.

En résumé, l'étiologie de l'affection typhoïde a été peu éclairée par la statistique, pour une principale raison, c'est que le nombre des observations est encore trop limité, et qu'elles ne suffisent pas pour comprendre toutes les circonstances possibles. Cependant l'application du calcul à cette question a fait ressortir une considération importante, ce nous semble, la nécessité de rechercher, non pas *une* cause, mais *un ensemble de causes* ou de conditions qui favorisent le développement de la maladie.

La statistique n'a rien appris de nouveau sur les symptômes de l'entérite typhoïde, c'est pourquoi je ne m'arrêterai pas à ce sujet. Nous n'avons garde toutefois de laisser passer cette conclusion de M. Louis, qu'il n'y a aucun rapport entre l'état de la langue et la membrane muqueuse de l'estomac. Voici sur quoi cet auteur fonde cette proposition. La langue a été sans rougeur et humide chez dix-neuf malades, qui sont morts avec un estomac ramolli et aminci huit fois, mamelonné quatre fois, ulcéré une fois, sain cinq fois. Elle a été rouge chez neuf sujets morts, dont cinq avaient l'estomac sain, deux ramolli, deux ulcéré. Enfin, elle a été sèche et brunâtre chez huit, dont trois avaient l'estomac sain, et cinq ramolli; total des cas : trente-six, qui présenteraient vingt-deux fois un défaut de correspondance entre l'état de la langue et celui de l'estomac. Ces nombres sont-ils suffisants? Ils pourraient le paraître, du moins pour le cas particulier, puisqu'ils contrarient si positivement l'opinion qui établit que cette correspondance est presque nécessaire; mais si l'on fait attention que les quatorze fois sur dix-neuf où la langue a été saine, bien que l'estomac fût malade, il s'agit de déterminer, avant de rien conclure, à quelle époque et pendant combien de temps elle a été saine, car l'estomac pouvait être à ce moment peu malade; que d'un autre côté, les huit fois sur dix-sept où la langue était rouge ou sèche, bien que l'estomac fût trouvé sain, on peut considérer que la langue était en rapport avec l'état des intestins; on verra que la conclusion de M. Louis n'a pas tant de force qu'on aurait pu le croire au premier abord. Loin de nous l'idée de soutenir que l'état de la langue représente *toujours* et *nécessairement* l'état de l'estomac, ce serait une grave erreur ; mais nous pensons qu'il en est ordinairement ainsi, et qu'il faudrait, pour détruire cette opinion, un nombre de faits bien autrement considérable, et des faits mieux circonstanciés, attendu que la question, loin d'être simple, est au contraire fort complexe, et que M. Louis n'a embrassé par le calcul qu'un petit nombre de ses éléments.

Nous laisserons de côté tout ce qui a rapport aux autres symptômes, pour arriver aux altérations cadavériques, sur lesquelles s'est exercée la statistique avec un soin extrême.

C'est sur douze faits seulement que M. Bretonneau a composé l'histoire de sa dothinenterie, ou du moins c'est sur ces douze faits que M. le professeur Trousseau, son élève, a construit l'échafaudage de ce nouvel édifice pathologique (1). Ces faits quelque peu nombreux qu'ils soient, avaient cependant une grande valeur, parce qu'ils avaient été observés avec soin ; mais les conclusions en furent peut-être prématurées, et l'on ne croit plus, aujourd'hui que l'on a accumulé un grand nombre d'autres faits, à l'espèce d'infaillibilité de périodes indiquée par le médecin de Tours.

D'après la statistique de MM. Louis, Bouillaud,

(1) Voyez *Archives générales de médecine*, t. X, p. 69, 1826. — *Ibid.*, 169.

Chomel, Bright, Lombard, les plaques elliptiques de Peyer étaient affectées chez *tous* les sujets. Sur 255 sujets atteints de gastro-entérite dont j'ai eu l'ocasion de faire l'autopsie, deux seulement ne m'ont pas offert d'altération folliculeuse. Il est vrai qu'on trouve quelquefois cette même lésion dans d'autres maladies aiguës, dans la variole, la rougeole, la scarlatine. Nous n'avons pas encore sur ce point de résultats statistiques, et nous devons attendre qu'ils viennent nous apprendre ou nous confirmer quelques vérités·

La statistique a encore été appliquée avec avantage à l'histoire de plusieurs autres maladies du canal digestif, au choléra, par exemple, et à la dysenterie.

Comme il nous est absolument impossible de rapporter ici les nombreux matériaux statistiques, fournis dans ces derniers temps sur le choléra en France et à l'étranger, comme nous ne pourrions pas même en donner une idée utile, nous nous contenterons de noter ici les observations que le rapport de la commission du département de la Seine a suscitées à M. Gavarret, sans oublier cependant de rendre justice au zèle éclairé ainsi qu'au dévouement des hommes qui l'ont rédigé.

Suivant la commission, l'influence des excès des dimanches et des premiers jours de la semaine sur la partie de la classe ouvrière admise aux hôpitaux, se trouve indiquée par l'augmentation des entrées les lundis, mercredis, et jeudis; la diminution des mardis paraissant être une conséquence de la forte augmentation des lundis.

M. Gavarret, appliquant aux chiffres sur lesquels sont fondées ces conclusions la formule de M. Poisson, trouve que la différence remarquée par les commissaires est insignifiante. Il nous a été impossible de vérifier la critique de M. Gavarret, mais nous nous permettrons de faire observer que, pour nous, la preuve de l'influence fâcheuse des excès du dimanche serait moins dans l'étendue de la différence du chiffre total des admissions du lundi, que dans la périodicité même du retour de l'augmentation ; de sorte que cette considération du retour régulier d'un même effet nous viendrait en aide pour en apprécier l'importance, alors que la formule de M. Poisson nous laisserait dans le doute ; car il est bien entendu que son application ne contredit point les conclusions des commissaires, elle déclare seulement que les chiffres sont insuffisants pour résoudre la question par le calcul des probabilités.

Nous allons citer un autre exemple où l'application de la formule vient confirmer les déductions du raisonnement. Il s'agit de la *dysenterie.*

Dans le *Dictionnaire de médecine et chirurgie pratiques*, à l'article *Épidémie*, M. le professeur Andral rapporte les faits suivants : « Sur 13,900 individus atteints de dysenterie au Bengale, de 1820 à 1825, le docteur Annesley a trouvé qu'il y en avait eu 2,400 pendant la saison froide, 4,500 pendant la saison chaude et sèche, 7,000 pendant la saison chaude et humide, 13,900 pendant les trois saisons réunies.

M. Gavarret s'est empressé d'appliquer la formule

de M. Poisson à ces données si précieuses, et les résultats du calcul ont été tout-à-fait favorables et conformes aux conclusions qu'en avait déduites le professeur, et que la simple logique est portée à en déduire.

Aussi les observations faites par d'autres médecins coïncident-elles tout-à-fait avec celles d'Annesley, et sur la fréquence de la dysenterie dans l'Inde, et sur sa prédominance dans la saison chaude et humide. Ainsi Ballingall dit que, dans l'Inde, les trois quarts des décès doivent être attribués à la dysenterie ; ses tableaux prouvent, d'après une observation suivie de sept années, et de 300 dysenteries sur 423 malades, que le plus grand nombre de ces maladies se montrent en mai, juin et août; or, le fort de la saison pluvieuse est, au Bengale, de juin à octobre; pendant ce temps le soleil agit avec force, et pour peu que les pluies se suspendent, il se fait une énorme évaporation qui favorise la formation des miasmes putrides.

Des cinquante principales épidémies citées par Ozanam, et qui ont régné en Europe à différentes époques, trente-six se sont montrées en été, douze en automne, une en hiver et une au printemps.

Au Sénégal, la dysenterie forme le sixième de toutes les maladies des soldats ; elle attaque 1 homme sur 2,200^{mm} de la garnison de Saint-Louis et de Gorée, et sévit surtout dans le quatrième trimestre de l'année. Les pluies y continuent en juillet, et la saison sèche est dans le deuxième trimestre ; mais alors, s'il existe moins d'humidité et de miasmes, il se montre des variations atmosphériques excessives.

C'est d'avril à septembre qu'il y eut le plus de malades dans l'épidémie observée par M. Cornuel à la Guadeloupe; et c'est de juillet à octobre que sévit avec le plus de force celle du Courdistan dont M. Branzeau a envoyé une relation à l'Académie de Médecine (1).

Si, pour contribuer à faire l'histoire de la dysenterie, on réunissait aux cent autopsies faites par Ballingall au Bengale, à celles qu'a faites à la Guadeloupe, en 1837, M. Cornuel, d'après le rapport de M. Bally, on aurait des preuves bien convaincantes de la nature inflammatoire de cette maladie, puisque ces médecins ont toujours trouvé une violente inflammation du colon. Si, d'un autre côté, on avait des chiffres précis sur la mortalité dans cette maladie par tout autre traitement que par l'antiphlogistique, on le comparerait aux résulats obtenus par M. Cornuel, qui, au moyen de saignées de bras répétées et de saignées locales presque permanentes, est arrivé à ne perdre que 123 malades sur 1,078, ou 1 sur 8,5. Ces résultats sont certainement fort beaux, car on n'ignore pas quels sont les désastreux effets de ces épidémies; on sait comme elles déciment les armées. Au rapport de Desgenettes, il n'y aurait eu que 1,689 hommes enlevés par la peste en Égypte, tandis que 2,468 auraient été moissonnés par la dysenterie; et, suivant

____

(1) *Bulletins de l'Académie royale de médecine*, t. III, p. 731, 1088.

M. Vaidy, sur 100 hommes qui succombent aux armées, il y en aurait 80 qui seraient victimes de ce fléau. (*Compendium de médecine pratique.*)

Dernièrement, dans le Kourdistan, sur 9,000 hommes, 2,300, ou 1 sur 4, ont succombé à la dysenterie. (Voyez le rapport de M. Gérardin, *Bulletin de l'Académie de méd.*, t. III, p. 1088.)

Il suffit de jeter les yeux sur le tableau ci-dessous pour comprendre la valeur du rapport des nombres indiqués, et se faire une idée de l'étiologie des maladies du foie. On se rappelle ce que dit M. Thévenot de leur fréquence au Sénégal; Ballingall pense aussi que l'hépatite ne complique pas si fréquemment qu'on le suppose les dysenteries. Voici maintenant le nombre des hépatites observées au Bengale de 1821 à 1825 :

1º Saison froide (novembre, décembre, janvier, février),	1,702
2º Saison chaude (mars, avril, mai, juin),	2,663
3º Saison pluvieuse (juillet, août, septembre, octobre),	2,738

La phthisie pulmonaire méritait certainement à tous égards de fixer l'attention des statisticiens ; aussi trouvons-nous beaucoup de matériaux sur ce sujet. Nous produirons ici quelqus uns de ceux qui nous semblent, au premier abord, des plus importants, sauf à en déterminer plus tard plus rigoureusement la valeur au moyen de l'application de la formule que nous connaissons.

La première chose à constater dans l'histoire de

cette maladie, c'est sa fréquence dans les différentes villes, dans les différents pays.

Johnson nous offre à cet égard des tableaux qui méritent d'être étudiés avec soin.

Voici quelles auraient été les proportions de décès par phthisies pulmonaires, d'après des documents officiels, de 1810 à 1812 dans les trois villes indiquées ci-dessous.

	Malte.	Gibraltar.	Minorque.
Phthisies pulmonaires.	149	187	119
Pneumonies.	52	51	37
Fièvres intermittentes.	747	138	357
Dysenteries.	36	79	60
	984	465	873
Rapport des maladies pulmonaires.	202	238	156
Avec les autres maladies.	883	217	417

Ainsi les affections pulmonaires formeraient plus de la moitié des maladies à Gibraltar, un peu plus du tiers (1 sur 2,67) à Minorque, et un peu moins du quart (1 sur 4,37) à Malte.

Ce serait à tort que l'on penserait qu'il n'y a pas de phthisie pulmonaire dans l'Inde; ainsi le docteur Conwell, élève de Laennec, rapporte 23 observations de phthisie recueillies à Madras sur des indigènes, observations qui ne laissent aucun doute sur l'existence de l'affection tuberculeuse, mais qui font voir en même temps jusqu'à quel point est prononcée, dans ce pays, la forme inflammatoire de cette affection. Les maladies de poitrine sont rares au Sénégal, suivant M. Thévenot; on n'en trouverait qu'une grave ou légère sur 42 malades. La mortalité par les maladies de poitrine n'y serait que de 1,50 ou 1/100 de tous les blancs, tandis qu'elle serait de 1/15 de tous les décès des indigènes ; la phthisie étant cependant rare même chez ces derniers.

C'est ici le lieu de relever quelques conclusions admises trop tôt, d'après un nombre insuffisant de faits, ou plutôt d'après des faits admis sans discernement.

On avait dit et répété que la phthisie pulmonaire était fréquente à Naples; mais voici que M. Renzi vient de publier dans *Il filiatre sebesio*, un article dans lequel il répond victorieusement à ces prétentions, donnant ainsi une bonne leçon de statistique médicale. D'abord il fait observer que l'on a confondu avec les phthisiques originaires du pays, les étrangers phthisiques qui viennent pour s'y faire traiter; puis il note que c'est 2775 phthisiques, et non 2969, qui ont été admis aux incurables en 1835-6-7 ; et que 1840 seulement appartenaient à Naples et à la banlieue ; d'où il résulte une moyenne de 615, au lieu de 989 par an. Il défalque ensuite les affections catarrhales, et il reste 600 phthisiques véritables seulement, sur 400,000 habitants, ce qui n'en donne pas 1 sur 666. Mais il faut ajouter à ces 600 phthisiques pauvres, 200 malades appartenant aux classes aisées. Sur ce nombre il en meurt 70 pour 100, ou environ 560 sur 800. Or, la mortalité commune est dans une année de 13,000 individus : c'est donc à peu près 1 phthisique sur 23 ; à l'hôpital des Incurables, il meurt 430 phthisiques sur 1,800, ou environ 1/4 ; à Paris, les morts phthisiques sont aux autres comme 1 à 4 ; à Naples, toute compensation faite et doublant même le chiffre, comme 1 à 12. (*Gazette médicale* du 20 décembre 1839.)

Montpellier aurait un assez grand nombre de phthisiques, puisqu'au dire de Clarck, sur 2,756 malades reçus à l'Hôtel-Dieu en 1763, il y aurait eu 154 morts dont 55 phthisiques.

Marseille serait une des villes de France où il y en aurait le plus, d'après le même auteur. Nous trouvons dans Johnson le tableau suivant des maladies de l'appareil respiratoire observées dans cette ville, de 1750 à 1758, suivant les saisons :

En hiver,	Au printemps,	En été,	En automne.
781	672	600	534

Clarck affirme, d'après son observation propre et celle de plusieurs autres médecins, et contrairement au docteur Gourlay, que la phthisie pulmonaire est très rare à Madère parmi les indigènes. C'est dans cette île que se rendent une foule de phthisiques, et le tableau suivant dressé par le docteur Renton, nous donne une idée de ce qu'ils deviennent.

1° *Cas de phthisie confirmée.*

1° Morts dans les 6 premiers mois de l'arrivée. 32

2° Retournés chez eux l'été, revenus et morts.   6
3° Ayant quitté l'île et morts plus tard.   6
4° Perdus de vue et probablement morts.   3

                                            Total. . . . 47

2° *Cas de phthisie commençante.*

1° Ont quitté l'île mieux portants, et ont été de mieux
en mieux 26
2° Améliorés, mais perdus de vue..   5
3° Morts depuis   4

                                            Total. . . . 35

Le docteur Heineken rapporte que sur 35 phthisiques partis pour Madère en 1821, 2 ou 3 sont morts à bord, 3 le premier mois de leur arrivée, 5 ou 6 autres ont passé l'hiver, 5 ou 6 ont passé le printemps, et 3 ou 4 ont commencé un deuxième hiver; sur le tout, 13 subsistaient encore en 1824.

Est-il vrai, comme l'avance Johnson, qu'il meurt en Angleterre 60,000 phthisiques par an? Si ces proportions ont existé, existent-elles encore? car, suivant les recherches d'Hawkins, la mortalité par la consomption aurait diminué à Londres. Au commencement du dernier siècle, elle s'était élevée de 15 à 26 pour cent de la mortalité générale : de 1799 à 1808, elle alla jusqu'à 27 pour cent; mais de 1808 à 1818, elle tomba à 23 pour cent, et de 1818 à 1825, elle s'est enfin abaissée jusqu'à 22 pour cent, proportion à peu près semblable à celle de Paris, tandis que cette proportion n'est à Vienne que de 17 pour cent. (*Elements of med. stat.*, p. 184.)

D'après **M.** Chervin, la phthisie pulmonaire serait plus commune dans l'est et le nord des États-Unis; moins commune et à marche plus lente dans le midi de ces États; à Charlestown, elle y fournirait 1 décès sur 5 1/2 morts ou 18 sur cent, y compris les étrangers qui s'y réfugient et forment le plus grand nombre (*Gazette des médecins praticiens* , 15 décembre 1839). Cette mortalité serait de 1/5 à Paris, de 1/4 à Marseille, de 1/8 à Philadelphie, 1/7 à Nice, 1/6 à Gênes et 1/20 seulement à Milan et à Rome (Andral, *Cours de Pathol.*). Elle serait de 1 sur 3 à Paris pour les hommes de 20 à 30 ans, suivant M. Benoiston de Châteauneuf.

Ces chiffres manquent en général de précision.

L'influence des professions sur le développement de la phthisie pulmonaire a été l'objet de très nombreuses recherches. Nous nous bornerons à citer celles de M Benoiston de Châteauneuf, et de M. Lombard, de Genève.

Voici le résumé le plus intéressant pour nous des chiffres du premier.

Sur un total de 43,000 malades, dont 26,055 hommes et 16,951 femmes, il y a eu 1,554 décès phthisiques, dont 745 hommes et 809 femmes; au total 3,61 sur 100 malades. La position courbée du corps ayant produit la phthisie chez 837 individus des deux sexes sur 15,550 : proportion, 53,80 sur 1,000 ; tandis que les vapeurs du mercure n'en font périr que 53, l'humidité 45, et les poussières 22,90, on est fondé à regarder comme suffisamment prouvé que, de toutes les professions qui peuvent nuire à la poitrine, celles dont l'exercice exige une attitude du corps telle qu'elle diminue sa capacité et gêne les mouvements des poumons, sont les plus dangereuses; les vapeurs viennent après; l'humidité chez les femmes tient le troisième rang; enfin les poussières, surtout les végétales et les minérales, sont les moins nuisibles (*Annales d'hygiène*, t. VII). Dans un autre mémoire le même auteur cherche la proportion des phthisiques chez les musiciens des régiments, et il trouve sur le nombre de 6,000 musiciens, 102 morts de 1820 à 1826, dont 17 causés par la phthisie pulmonaire, ce qui donne 1/6e; la proportion pour les soldats étant 1/14e, puisque sur 17,209 décès arrivés dans l'armée pendant le même espace de temps, 1,260 sont dus à cette maladie. Il est bien entendu qu'il faut tenir compte de la position exceptionnelle du militaire.

M. Lombard, après avoir comparé 4,991 cas de décès par phthisie pulmonaire, se fondant surtout sur 1,003 cas observés à Genève, est arrivé à des conclusions un peu différentes de celles de M. Benoiston de Châteauneuf, et dont voici l'expression en tableau (1).

Nombre total des phthisiques : 114 sur 1,000.

1º *Influences nuisibles.*

1º Emanations minérales et végétales.	o.176
2º Poussières diverses.	o.145
3º Vie sédentaire.	o.140
4º Vie passée dans les ateliers.	o.138

(1) *Annales d'hygiène publique*, t. XI, p. 5 et suiv.

5° Air chaud et sec.   0.127

6° Position courbée.   0.122

7° Mouvements des bras causant des secousses tétaniques.   0.116

2° *Influences préservatrices.*

1° Vie active, exercice musculaire.   0.089

2° Exercice de la voix.   0.075

3° Vie passée à l'air libre.   0.073

4° Émanations animales.   0.060

5° Vapeurs aqueuses.   0.053

Cette différence dans les résultats obtenus est une preuve nouvelle de la nécessité de bien catégoriser les faits, et d'observer dans des lieux et des temps différents.

Les exemples d'application de la statistique que je viens de citer et que je ne puis multiplier davantage faute de temps, suffisent pour donner une idée de la difficulté de ce travail. Une première condition, c'est que les faits soient bien observés, afin que l'on sache à quelles espèces d'unités on a affaire. Or, un excellent moyen d'avoir des unités semblables, moyen sur lequel M. le professeur Bouillaud insiste avec une si juste raison, c'est de catégoriser les faits, c'est-à-dire qu'après avoir considéré les cas de telle maladie comme des unités semblables sous un rapport, et avoir cherché des résultats applicables à tous ces cas malgré leur diversité, il faut diviser ces faits en autant de sections qu'il y a de différences essentielles entre eux, et agir sur ces nombres partiels comme on l'avait fait sur les grands nombres. Une seconde condition, c'est qu'ils soient nombreux, car plus ils le seront, et moins la moyenne sera variable; par con-

séquent, plus les résultats seront significatifs. J'ajou-
terai qu'il importe tellement que le temps de l'observation soit prolongé , qu'alors même que les
nombres sont petits, les conclusions peuvent avoir
de l'importance pour la manifestation d'une loi à travers des oscillations très bornées.

IIᵉ SECTION.

De la statistique appliquée à la thérapeutique.

C'est ici que l'on a fait et que l'on fait encore le
plus de difficulté pour admettre la statistique :
voyons donc ce que cette méthode a fourni à la thérapeutique. Et d'abord les succès obtenus par le
moyen d'une médication ne sont-ils point la raison
de la préférence qu'on lui accorde? Et n'est-on pas
d'autant plus convaincu de sa supériorité , qu'on a
été témoin d'un plus grand nombre de ses succès?
N'est-il pas évident que la première fois que vous expé-
rimentez un agent quelconque, vous avez beaucoup
moins de confiance en son efficacité, que lorsqu'il a
déjà produit de nombreuses cures entre vos mains ?
Et la thérapeutique expérimentale, que serait-elle,
si elle ne comptait pas ? Qu'on se rappelle les expériences faites par MM. Fouquier, Magendie, Bally,
Jœrg, Trousseau, etc., sur les vertus de la strych-
nine, de la kinine, de la morphine, de la codéine,
des iodures, des cyanures, de différents purgatifs
indigènes , du camphre , du musc, etc., etc. Qu'on
se remémore les nombreuses expériences de M. le
professeur Orfila, sur les poisons; celles de Christison

et autres, sur des cas de médecine légale ; qu'on se donne enfin la peine de regarder autour de soi ce qui se passe dans toutes les cliniques, et l'on verra que partout, et nécessairement, on compte les faits thérapeutiques.

Mais compter les faits, n'est pas faire de la statistique, dira-t-on. C'est du moins en commencer les opérations. Les faits, une fois comptés, s'abstiendra-t-on de comparer les séries de nombres et d'en chercher les proportions ? Mais je doute qu'il soit possible à qui que ce soit d'user d'une telle réserve, qui ressemblerait à l'indifférence. La proportion des séries de nombres étant trouvée, la déduction est si facile, si simple, si inévitable même, qu'elle sera tirée à l'instant ; or la déduction, c'est la moyenne. C'est ainsi que la statistique se fait forcément pour ainsi dire ; seulement tout le monde n'y apporte pas le même soin, la même exactitude, la même rigueur.

Comment se fait-il donc que, puisque tout le monde ou presque tout le monde, compte et compare les nombres, en thérapeutique, on ait cependant manifesté, dans ces derniers temps, une si grande répugnance à admettre les corollaires fournis par la statistique quant au traitement des maladies ?

Il faut le dire, c'est que ces résultats ont été vraiment extraordinaires, inattendus, incroyables. Quand on a vu M. Louis proclamer, au nom de la méthode numérique, le peu d'efficacité de la saignée et des vésicatoires dans des maladies décidément inflammatoires, plus d'un médecin a dû rester incrédule aux prétendues démonstrations de la statistique. La méthode pour cela était-elle nécessairement mauvaise ? Non, mais peut-être l'opération était-elle en défaut ; peut-être les faits ne constituaient-ils pas des unités comparables ? Peut-être enfin les déductions applicables à tel cas, aux saignées de M. Louis, par exemple, ne l'étaient-elles plus aux saignées de M. Broussais ou de M. Bouillaud. De là les critiques du premier, qui proclame cependant que la *méthode de la statistique est bonne en elle-même, mais qu'il faut savoir s'en servir* (1). De là encore les nombreux travaux du second, qui eut pour but de signaler les véritables fautes commises par les médecins numéristes, et qui donna l'exemple de statistiques bien faites, parce que les faits, observés avec un soin extrême, furent partagées en séries analogues au lieu de rester confondus. Si les nombres que M. le professeur Bouillaud a pu recueillir jusqu'ici sont encore peu élevés, qui donc est en droit de lui en faire reproche ? Où est le médecin qui est parvenu jusqu'ici à faire des statistiques plus exactes et plus concluantes, sinon par le nombre, du moins par la nature des faits ?

En résumé, l'application de la statistique à la thérapeutique est difficile et remplie d'écueils, on ne saurait le nier ; on est exposé à réunir des faits qui ne sont réellement pas comparables, et à conclure

______

(1) Broussais, *Cours de pathologie et de thérapeutique générales.* Paris, 1835, t. I, p. 597.

d'un trop petit nombre de cas ; mais ces difficultés ne sont pas invincibles; et pour tenter des applications utiles, voici les principes que nous croyons devoir poser.

Rappelons qu'il faut d'abord des faits comparables pour constituer des unités que l'on puisse addition-ner et soustraire ; mais des faits peuvent être assimilables sous un point de vue, et ne l'être pas sous un autre. Par exemple, toutes les maladies, quelles qu'elles soient, peuvent être considérées comme des unités de même nature, par comparaison avec l'état de santé ; comme lorsque l'on compare le nombre de malades d'une armée, d'une ville, etc., avec le nombre des individus en santé. Si l'on voulait faire avec ces éléments un problème thérapeutique, on pourrait se demander s'il guérit plus ou moins de malades dans telle ville que dans telle autre. Maintenant, particularisant davantage, on distingue parmi les malades ceux qui sont atteints de telle affection de ceux qui sont frappés par telle autre ; dès lors les unités comparables ne sont plus les maladies, quelles qu'elles soient, mais seulement des maladies dé-terminées ; ce sont des fièvres intermittentes, des pneumonies, des colites, etc., etc. ; et tout le monde est d'accord sur ce point, qu'il est permis, qu'il est nécessaire de distinguer les maladies entre elles. Chaque médecin dit et répète : J'ai eu à traiter dans mon hôpital tant de pleurésies, tant d'apoplexies, tant de péritonites, etc.,etc. Ici cependant commence une difficulté réelle, surtout s'il s'agit d'apprécier l'influence d'une médication ; il pouvait être facile de distinguer l'état de santé de l'état de maladie; mais le même accord se reproduit-il toujours dans la distinction de divers états morbides? Oui, dans un certain nombre d'entre eux, non dans d'autres; oui, lorsque le diagnostic est flagrant et positif; non, lorsqu'il est litigieux et incertain. D'où la nécessité d'un diagnostic établi sur l'examen minutieux des symptômes, et fondé autant que possible sur des signes sensibles et physiquement appréciables, afin qu'ils soient incontestables et accessibles à tous.

Supposons les cas judicieusement choisis et rigoureusement déterminés; ce n'est pas tout; il faut que les circonstances qui entourent les faits soient les mêmes, c'est-à-dire qu'elles ne s'écartent pas sensiblement du cercle ordinaire qu'elles ont l'habitude de parcourir, afin de remplir cette condition exigée par M. Poisson, d'un ensemble invariable de circonstances qui peuvent être variables dans certaines limites.

Si ces circonstances, au contraire, ont notablement varié, s'il y a eu des influences extraordinaires et puissantes, ce sera un motif de comparer cette série particulière de faits avec les séries qui n'auront point été altérées par des causes perturbatrices.

A des faits ainsi observés et catégorisés, on peut appliquer la statistique pour rechercher quelle a été l'influence du traitement, pourvu que les circonstances de ce traitement soient suffisamment précisées, et que des moyens essentiellement différents ne soient pas confondus les uns avec les autres,

comme le seraient, comme l'ont été des saignées petites ou modérées, et faites à des intervalles éloignés,
avec des saignées abondantes, pratiquées coup sur
coup.

Lorsque les faits thérapeutiques réuniront les conditions que nous venons d'exiger, on pourra se confier aux résultats de la statistique, surtout si elle
porte sur de grands nombres ; et, comme nous l'a-
vons déjà dit, alors même que ces nombres ne seraient pas encore très élevés, si les différentes moyennes, prises à des époques déterminées et également
distantes, diffèrent peu entre elles, il y aura de
grandes probabilités pour la valeur de la moyenne
générale.

Essayons maintenant quelques applications.

Parmi les résultats que l'on a demandés, dans ces
derniers temps, à la statistique relativement au traitement des maladies, nous examinerons ceux que
présentent les *Cliniques* de MM. Andral, Bouillaud
et Chomel, ainsi que les ouvrages de M. Louis.

Les chiffres donnés sur la mortalité, dans l'entérite typhoïde, suivant les différentes méthodes de
traitement, sont loin d'être suffisants pour qu'on
soit en droit de donner définitivement la préférence
à telle ou telle médication, ou de prévoir la moyenne
probable de mortalité à venir, suivant une de ces
médications.

M. Andral cite dans sa clinique des résultats empruntés à différents médecins, tellement disparates,
qu'ils supposent ou des cas essentiellement différents

de gravité, ou des circonstances extraordinaires, ou une médication quelquefois bien fâcheuse; les voici :

.Sur 74 malades traités par les émissions
    sanguines;   35 morts 39 guéris.
  Sur 10, par des purgatifs,   9 — 1 —
  Sur 40, par les toniques et les excitants, 26 — 14 —

Comparons maintenant la mortalité de M. Bouillaud avec celle de M. Chomel, dans ces mêmes affections typhoïdes; cela sera d'autant plus facile que leurs résumés indiquent à peu près le même nombre de malades.

M. Chomel : 207 malades, — 136 guéris, — 71 morts = 1 mort sur 2,91.

M. Bouillaud : 205 malades, — 180 guéris, — 25 morts = 1 mort sur 8,20.

Le rapport des morts au total des malades nous donne, en fractions décimales, dans le 1er cas 0,342900, ou environ 34 sur 100.
         dans le 2e cas 0,121950, ou environ 12 sur 100.
Mais cette moyenne pouvait osciller,
      dans le 1er cas, entre 0,436222, ou environ 43 sur 100.
             et 0,249578, ou environ 24 sur 100.
      dans le 2e cas, entre 0,186592, ou environ 18 sur 100.
             et 0,057308, ou environ 5 sur 100.

Sous ce rapport, et attendu le peu d'élévation du chiffre total dans chaque cas, on ne peut point déduire une probabilité importante pour l'avenir, puisque l'un pourrait perdre aussi bien 43 malades que 24 sur 100, et le second aussi bien 18 que 5, sans que rien fût changé, ni aux maladies, ni au mode de traitement, ni à aucune circonstance quelconque relative aux faits. Mais si l'on compare l'un des résultats avec l'autre, on trouve le second supérieur au premier, d'une quantité telle, qu'elle indique nécessairement l'intervention d'une cause extraordinaire qui n'agit point dans le second ; car la chance la plus favorable que pouvait avoir M. C....., 24 morts sur 100, est encore bien inférieure à la chance la plus défavorable de M. B....., 18 morts sur 100.

Une autre donnée thérapeutique non moins intéressante à faire passer au critérium de la formule souveraine est celle que nous avons déjà mentionnée et qui se trouve dans le rapport de M. le professeur Andral sur le traitement de l'affection typhoïde par les purgatifs répétés.

Sur   27 malades traités par les saignées modérées   6 sont morts.
Sur   18   —   par les saignées et les évacuants 6   —
Sur   213   —   par les évacuants seuls   40   —

Ce qui donne pour les rapports de mortalité relatifs à ces trois traitements : 0,222, 0,333, 0,141.

Il résulte de l'application de la formule de M. Poisson que, dans le premier cas, le rapport *normal* 0,222 pouvait varier entre les limites 0,292 et 0,152, sans que les circonstances du traitement éprouvassent aucune variation. En d'autres termes, tout ce qu'on a le droit de conclure du résultat numérique obtenu, c'est que sur 1000 malades soumis aux mêmes influences, il aurait pu en mourir 149 ou 51, sans qu'il y eut lieu d'en conclure que les circonstances eussent été différentes.

Pour le deuxième cas, le rapport 0,333 pouvait osciller indifféremment entre 0,655 et 0,011.

Enfin pour le troisième cas, le rapport 0,141 aurait pù être trouvé tout aussi bien égal à 0,153 ou 0,129 sans qu'on pût rien en conclure pour les influences du traitement correspondant.

Cela posé, nous pouvons comparer plus rigoureusement les rapports donnés par la statistique et juger si leurs différences annoncent des différences réelles entre les circonstances déterminantes, ou bien si au contraire ces différences contenues entre les limites respectives de variations ne proviennent que du petit nombre de cas enregistrés.

Procédons à cette recherche. — Le rapport le plus défavorable est celui de 0,333, qui correspond à l'emploi simultané des saignées et des évacuants; mais il pouvait, toutes circonstances égales d'ailleurs, s'abaisser à 0,011, tandis que les deux autres pouvaient s'élever jusqu'à 0,292 et 0,153.

Si nous comparons ce minimum du rapport le plus élevé, aux maxima des rapports les plus petits, nous trouvons qu'il leur est inférieur, d'où nous concluons qu'il n'a pas de signification réelle.

Si nous comparons entre eux, de la même manière, les deux rapports 0,222 et 0,141, la conséquence est la même; en effet, le plus grand des deux, 0,222, pouvait n'être que 0,152, et à cet état minimum il est plus faible que la valeur maximum 0,153, que l'autre était susceptible d'atteindre; par conséquent la différence observée entre les deux rapports ne peut conduire à aucune conclusion légitime sur les valeurs relatives des deux traitements qui leur correspondent.

La valeur des unités dans ces différents cas est-elle exactement la même? l'un n'appelle-t-il pas affection typhoïde seulement une maladie grave, tandis que l'autre comprend dans cette catégorie des cas plus ou moins légers? Pour établir un bonne statistique, il faudrait, outre un grand nombre de faits, des faits comparables; et comment être sûr que, parmi ces affections typhoïdes, par exemple, il ne se sera pas glissé quelqu'une de ces irritatious gastro-intestinales, quelqu'un de ces embarras grastriques ou de ces fièvres bilieuses, inflammatoires, légères, des nosographes?

Voici, je crois, ce qu'il faudrait exiger de chaque auteur : ce serait qu'il donnât la liste *complète* de toutes les maladies qu'il a eues à traiter en même temps que celle dont il rapporte l'histoire; on verrait bien alors si les cases des maladies légères que nous venons d'indiquer seraient pleines ou vides, et l'on jugerait par là de la valeur de l'expression typhoïde dans la bouche de chacun.

C'est ainsi, comme vous le voyez, que nous ne cessons de rendre hommage à la loi des grands nombres, et que la puissance des nombres est telle, qu'elle éclaire jusqu'au diagnostic.

Il ne sera peut-être pas sans intérêt et sans à-propos d'appliquer encore la formule de M. Poisson aux résultats obtenus des expériences faites sur le traitement des empoisonnements par l'arsenic.

Donc, d'après le calcul des proportions ou des rapports de nombres, il n'est pas prouvé que le traitement par les excitants soit préférable au traitement par les saignées.

De 19 chiens traités par la saignée,   3 sont guéris, 16 morts.
   20   par les excitants,   9   11
    8   abandonnés à eux-mêmes, 0   8

Si, comparant ensemble les deux premiers exemples, on cherche la moyenne de chacun, on trouve:

0,159 pour le premier cas.

0,450 pour le deuxième.

La formule donne pour quantité à ajouter ou à retrancher :

0,100 dans le premier cas.

0,314 dans le deuxième.

D'où une oscillation possible pour le premier cas entre 0,259
et 0,059
Pour le deuxième cas entre 0,764
et 0,136

Le résultat de la comparaison est de nulle valeur.

En effet, bien qu'il existe une grande différence entre le premier résultat, qui donne 1 guéri sur 10, et le deuxième, qui en montre 3 sur 10; mais, en nous bornant toujours à des dixièmes pour nous faire mieux comprendre, il résulte du nombre des observations qu'il pouvait en guérir 2 sur 10 dans le premier cas, et seulement 1 sur 10 dans le second, les limites d'oscillation étant fort éloignées.

La statistique nous fournit encore, sinon la solution du problème thérapeutique relatif à la pneumonie, du moins des éléments de cette solution à venir.

Malheureusement les chiffres que nous présente le rapport de M. Rayer sur l'excellente Statistique de M. Jules Pelletan (1) ne sont pas suffisants, et ces résultats, comparés à ceux que rapporte M. Louis dans ses *Recherches sur les effets de la saignée* (p. 8 et 34), ne donnent encore à aucun traitement une supériorité marquée, chose notable dans une question où le raisonnement porte à penser que l'efficacité des saignées répétées doit être le plus manifeste. Les limites d'oscillation de la moyenne sont tellement larges, qu'elles s'étendent, dans le premier cas, de o à 19; dans le second, de 29 à 53; dans le troisième, de o à 31.

Si l'on appliquait aux résultats obtenus par M. Bouillaud et mentionnés par lui dans sa *Clinique* (2), t. II, p. 232, la formule de M. Poisson, on trouverait probablement que la moyenne, 1 sur 8 1/2, obtenue du rapport de 21 morts sur une totalité de 178, serait l'expression d'un résultat favorable dû au traitement employé.

Avant de terminer cette section, un mot sur la question des minorités.

Supposons que, sur 100 cas, 80 aient guéri par une méthode, que 20 soient morts; la méthode numérique, dit M. Andral, conclut de ces proportions que le traitement employé est bon, et qu'il faudra

(1) *Bulletin de l'Académie royale de médecine.* Paris, 1840, t. IV, p. 447.

(2) *Clinique médicale de l'hôpital de la Charité.* Paris, 1837, t. II, p. 232.

l'employer dans les 100 autres cas qui se présenteront plus tard. Mais que fait-elle des 20 autres cas? Pourquoi n'ont-ils pas guéri?.. Il ne faut pas faire si bon marché de la minorité, dit le professeur en terminant.

Sans doute, et la minorité doit avoir sa loi comme la majorité. Voici en quoi la statistique peut, ce me semble, être utile ici.

D'abord c'est elle qui signale la proportion des nombres, et par conséquent qui fait connaître qu'il y a une majorité et une minorité; mais elle n'est point condamnée à s'arrêter là, et l'attention des médecins, une fois éveillée sur cette différence, s'applique à étudier séparément ces deux séries de cas; ceux de guérison et ceux de mort, cherche les différences et les ressemblances, fait de nouvelles catégories secondaires, et appelle encore à son secours la statistique pour constater de nouveaux rapports; pour déterminer, par exemple, parmi les cas mortels, combien il y en a eu de telle forme, combien de compliqués, combien de précédés d'état chronique, enfin, combien de traités à une période plus ou moins avancée. C'est à la solution de toutes ces questions, où l'introduction de la statistique est indispensable, qu'est attachée la valeur du chiffre de la minorité.

Cette minorité se présente encore dans une autre circonstance, c'est lorsque l'on compare deux traitements différents de la même maladie, et que l'on obtient une moyenne de mortalité beaucoup supérieure dans l'un des deux cas. Il est évident que le résultat donné par la statistique suscite ici des opérations analogues à celles que nous indiquions ci-dessus, et qu'il s'agira surtout de chercher s'il n'existe pas un rapport entre les différentes formes, les différentes complications, les différents degrés, etc. de la maladie, et le succès de chacun des moyens employés.

Il faudra donc faire ici, comme tout à l'heure, une statistique de la statistique, ainsi que nous le recommandions dans la première partie de cette dissertation.

CONCLUSIONS.

La statistique est désormais un des instruments indispensables de la méthode expérimentale ou d'observation en médecine, mais son application est entourée d'une foule de difficultés. La statistique, avant de compter les faits, doit commencer par en bien déterminer la nature, afin de faire des séries de ceux qui sont assimilables; elle en recueille le plus grand nombre possible, puis elle établit le rapport des nombres, ce qui donne la fréquence du phénomène qui est le sujet de l'opération ou la chance à venir. La moyenne représentative de cette fréquence ou de cette chance n'est point fixe; elle est plus ou moins variable, d'autant plus variable que le nombre des faits est plus petit, d'autant moins que ce nombre est plus grand. Mais ce n'est pas tout d'appliquer la statistique aux grandes séries de faits ; il faut fractionner ces séries, et faire sur chacune d'elles les mêmes opérations que sur l'ensemble. Au moyen de la formule de M. Poisson, on apprécie le degré de variabilité de la moyenne, par conséquent sa valeur la plus probable. Enfin, lorsque cette formule est muette, c'est-à-dire lorsqu'elle donne des limites d'oscillation tellement éloignées que la moyenne n'ait aucune signification précise, la décomposition du nombre total des faits, leur fractionnement, et une statistique de statistique, peuvent fournir de grandes probabilités, si les moyennes partielles s'écartent à peine les unes des autres.

La statistique en médecine est donc nécessaire, inévitable ; son application est urgente, car il faut accumuler des faits, mais des faits bien observés, c'est-à-dire bien diagnostiqués, bien précisés. Que l'on ne perde pas de temps, car pendant que l'on hésite, les faits passent sur cette scène mobile de la pathologie et ne reviennent plus. D'autres leur succèdent, il est vrai, mais il faut qu'une science cherche son bien sans relâche et partout où il se trouve, car peut-être le fait qu'elle a laissé passer aujourd'hui inaperçu ne se retrouvera plus.

FIN.

Imprimerie de BOURGOGNE et MARTINET, rue Jacob, 30.

TABLE DES MATIÈRES.

FIN DE LA TABLE.

Table des erreurs possibles correspondantes aux mortalités moyennes déduites des statistiques.

…ISTIQUES …300 CAS.		STATISTIQUES DE 350 CAS.		STATISTIQUES DE 400 CAS.		STATISTIQUES DE 450 CAS.		STATISTIQUES DE 500 CAS.	
…on …	Erreur possible.	Répartition des malades.	Erreur possible.	Répartition des malades.	Erreur possible.	Répartition des malades.	Erreur possible.	Répartition des malades.	Erreur possible.
	0,048990	35 morts 315 guéris	0,045356	40 morts 360 guéris	0,042426	45 morts 405 guéris	0,040000	50 morts 450 guéris	0,037947
	0,053066	42 morts 308 guéris	0,049130	48 morts 352 guéris	0,045950	54 morts 396 guéris	0,043328	60 morts 440 guéris	0,041105
	0,056663	49 morts 301 guéris	0,052460	56 morts 344 guéris	0,049071	63 morts 387 guéris	0,046265	70 morts 430 guéris	0,043891
	0,058309	52 morts 298 guéris	0,053884	60 morts 340 guéris	0,050497	67 morts 383 guéris	0,047609	75 morts 425 guéris	0,045167
	0,059867	56 morts 294 guéris	0,055496	64 morts 336 guéris	0,051846	72 morts 378 guéris	0,048881	80 morts 420 guéris	0,046372
	0,062737	63 morts 287 guéris	0,059084	72 morts 328 guéris	0,054232	81 morts 369 guéris	0,051225	90 morts 410 guéris	0,048590
	0,065320	70 morts 280 guéris	0,060474	80 morts 320 guéris	0,056568	90 morts 360 guéris	0,053333	100 morts 400 guéris	0,050596
	0,067646	77 morts 273 guéris	0,062626	88 morts 312 guéris	0,058983	99 morts 351 guéris	0,055223	110 morts 390 guéris	0,052396
	0,069742	84 morts 266 guéris	0,064560	96 morts 304 guéris	0,060399	108 morts 342 guéris	0,056944	120 morts 380 guéris	0,054022
	0,070711	87 morts 263 guéris	0,065466	100 morts 300 guéris	0,061237	112 morts 338 guéris	0,057735	125 morts 375 guéris	0,054772
	0,071629	91 morts 259 guéris	0,066315	104 morts 296 guéris	0,062032	117 morts 333 guéris	0,058476	130 morts 370 guéris	0,055483
	0,073321	98 morts 252 guéris	0,067882	112 morts 288 guéris	0,063498	126 morts 324 guéris	0,059867	140 morts 360 guéris	0,056794
	0,074833	105 morts 245 guéris	0,069289	120 morts 280 guéris	0,064807	135 morts 315 guéris	0,061101	150 morts 350 guéris	0,057965
	0,076175	112 morts 238 guéris	0,070525	128 morts 272 guéris	0,065970	144 morts 306 guéris	0,062197	160 morts 340 guéris	0,059006
	0,077356	119 morts 231 guéris	0,071618	136 morts 264 guéris	0,066998	153 morts 297 guéris	0,063161	170 morts 330 guéris	0,059910
	0,077889	122 morts 228 guéris	0,072111	140 morts 260 guéris	0,067454	157 morts 293 guéris	0,063596	175 morts 325 guéris	0,060333

STATISTIQUES DE 550 CAS.		STATISTIQUES DE 600 CAS.		STATISTIQUES DE 650 CAS.		STATISTIQUES DE 700 CAS.		STATISTIQUES DE 750 CAS.	
Répartition des malades.	Erreur possible.	Répartition des malades.	Erreur possible.	Répartition des malades.	Erreur possible.	Répartition des malades.	Erreur possible.	Répartition des malades.	Erreur possible.
55 morts 495 guéris	0,036181	60 morts 540 guéris	0,034641	65 morts 585 guéris	0,033282	70 morts 630 guéris	0,032071	75 morts 675 guéris	0,030984
66 morts 484 guéris	0,039192	72 morts 528 guéris	0,037528	78 morts 572 guéris	0,036051	84 morts 616 guéris	0,034740	90 morts 660 guéris	0,033562
77 morts 473 guéris	0,041848	84 morts 516 guéris	0,040067	91 morts 559 guéris	0,038495	98 morts 602 guéris	0,037094	105 morts 645 guéris	0,035837
83 morts 467 guéris	0,043064	90 morts 510 guéris	0,041231	97 morts 553 guéris	0,039614	105 morts 595 guéris	0,038173	112 morts 638 guéris	0,036878
88 morts 462 guéris	0,044214	96 morts 504 guéris	0,042332	104 morts 546 guéris	0,040671	112 morts 588 guéris	0,039192	120 morts 630 guéris	0,037863
99 morts 451 guéris	0,046335	108 morts 492 guéris	0,044362	117 morts 533 guéris	0,042639	126 morts 574 guéris	0,041071	135 morts 615 guéris	0,039670
110 morts 440 guéris	0,048242	120 morts 480 guéris	0,046188	130 morts 520 guéris	0,044376	140 morts 560 guéris	0,042762	150 morts 600 guéris	0,041312
121 morts 429 guéris	0,049960	132 morts 468 guéris	0,047833	143 morts 507 guéris	0,045957	154 morts 546 guéris	0,044284	165 morts 585 guéris	0,042783
132 morts 418 guéris	0,051508	144 morts 456 guéris	0,049315	156 morts 494 guéris	0,047381	168 morts 532 guéris	0,045657	180 morts 570 guéris	0,044109
137 morts 413 guéris	0,052223	150 morts 450 guéris	0,050000	162 morts 488 guéris	0,048038	175 morts 525 guéris	0,046291	187 morts 563 guéris	0,044721
143 morts 407 guéris	0,052901	156 morts 444 guéris	0,050649	169 morts 481 guéris	0,048662	182 morts 518 guéris	0,046899	195 morts 555 guéris	0,045302
154 morts 396 guéris	0,054151	168 morts 432 guéris	0,051846	182 morts 468 guéris	0,049812	196 morts 504 guéris	0,048000	210 morts 540 guéris	0,046379
165 morts 385 guéris	0,055268	180 morts 420 guéris	0,052915	195 morts 455 guéris	0,050839	210 morts 490 guéris	0,048990	225 morts 525 guéris	0,047329
176 morts 374 guéris	0,056258	192 morts 408 guéris	0,053864	208 morts 442 guéris	0,051751	224 morts 476 guéris	0,049868	240 morts 510 guéris	0,048177
187 morts 363 guéris	0,057131	204 morts 396 guéris	0,054699	221 morts 429 guéris	0,052553	238 morts 462 guéris	0,050642	255 morts 495 guéris	0,048924
192 morts 358 guéris	0,057525	210 morts 390 guéris	0,055077	227 morts 423 guéris	0,052915	245 morts 455 guéris	0,050990	262 morts 488 guéris	0,049214

STATISTIQUES DE 800 CAS.		STATISTIQUES DE 850 CAS.		STATISTIQUES DE 900 CAS.		STATISTIQUES DE 950 CAS.		STATISTIQUES DE 1000 CAS.	
Répartition des malades.	Erreur possible.	Répartition des malades.	Erreur possible.	Répartition des malades.	Erreur possible.	Répartition des malades.	Erreur possible.	Répartition des malades.	Erreur possible.
80 morts 720 guéris	0,030000	85 morts 765 guéris	0,029104	90 morts 810 guéris	0,028284	95 morts 855 guéris	0,027530	100 morts 900 guéris	0,026833
96 morts 704 guéris	0,032496	102 morts 748 guéris	0,031526	108 morts 792 guéris	0,030638	114 morts 836 guéris	0,029821	120 morts 880 guéris	0,029065
112 morts 688 guéris	0,034699	119 morts 731 guéris	0,033663	126 morts 774 guéris	0,032714	133 morts 817 guéris	0,031842	140 morts 860 guéris	0,031036
120 morts 680 guéris	0,035707	127 morts 723 guéris	0,034641	135 morts 765 guéris	0,033665	142 morts 808 guéris	0,032767	150 morts 850 guéris	0,031937
128 morts 672 guéris	0,036661	136 morts 714 guéris	0,035566	144 morts 756 guéris	0,034564	152 morts 798 guéris	0,033642	160 morts 840 guéris	0,032790
144 morts 656 guéris	0,038419	153 morts 697 guéris	0,037272	162 morts 738 guéris	0,036222	171 morts 779 guéris	0,035255	180 morts 820 guéris	0,034363
160 morts 640 guéris	0,040000	170 morts 680 guéris	0,038806	180 morts 720 guéris	0,037712	190 morts 760 guéris	0,036707	200 morts 800 guéris	0,035777
176 morts 624 guéris	0,041424	187 morts 663 guéris	0,040188	198 morts 702 guéris	0,039056	209 morts 741 guéris	0,038014	220 morts 780 guéris	0,037051
192 morts 608 guéris	0,042708	204 morts 646 guéris	0,041433	216 morts 684 guéris	0,040266	228 morts 722 guéris	0,039192	240 morts 760 guéris	0,038199
200 morts 600 guéris	0,043301	212 morts 638 guéris	0,042000	225 morts 675 guéris	0,040825	237 morts 713 guéris	0,039736	250 morts 750 guéris	0,038730
208 morts 592 guéris	0,043863	221 morts 629 guéris	0,042554	234 morts 666 guéris	0,041355	247 morts 703 guéris	0,040252	260 morts 740 guéris	0,039233
224 morts 576 guéris	0,044900	238 morts 612 guéris	0,043559	252 morts 648 guéris	0,042332	266 morts 684 guéris	0,041203	280 morts 720 guéris	0,040160
240 morts 560 guéris	0,045826	255 morts 595 guéris	0,044458	270 morts 630 guéris	0,043205	285 morts 665 guéris	0,042053	300 morts 700 guéris	0,040988
256 morts 544 guéris	0,046648	272 morts 578 guéris	0,045255	288 morts 612 guéris	0,043980	304 morts 646 guéris	0,042807	320 morts 680 guéris	0,041723
272 morts 528 guéris	0,047371	289 morts 561 guéris	0,045957	306 morts 594 guéris	0,044662	323 morts 627 guéris	0,043471	340 morts 660 guéris	0,042370
280 morts 520 guéris	0,047697	297 morts 553 guéris	0,046273	315 morts 585 guéris	0,044969	332 morts 618 guéris	0,043770	350 morts 650 guéris	0,042661

www.ingramcontent.com/pod-product-compliance
Ingram Content Group UK Ltd.
Pitfield, Milton Keynes, MK11 3LW, UK
UKHW020312130726
13696UKWH00003B/1018